Bibliografische Information der Deutschen Nationalbibliothek:

Die Deutsche Bibliothek verzeichnet diese Publikation in der Deutschen National-
bibliografie; detaillierte bibliografische Daten sind im Internet über http://dnb.d-
nb.de/ abrufbar.

Impressum:

Copyright © 2009 GRIN Verlag, Open Publishing GmbH
Druck und Bindung: Books on Demand GmbH, Norderstedt Germany
ISBN: 9783640458776

Dieses Buch bei GRIN:

http://www.grin.com/de/e-book/137840/moeglichkeiten-und-grenzen-einer-ausge-
staltung-des-schulinternen-foerderkonzeptes

Volkmar Delschen

Möglichkeiten und Grenzen einer Ausgestaltung des schulinternen Förderkonzeptes zum Thema "Problemlösen" in der Jahrgangsstufe 5

GRIN Verlag

Studienseminar für Lehrämter an Schulen – Bocholt
Seminar für das Lehramt an Gymnasien und Gesamtschulen

Schriftliche Hausarbeit im Rahmen der zweiten Staatsprüfung

für das Lehramt an Gymnasien und Gesamtschulen

gem. § 33 OVP vom 11.11.2003

zum Thema:

Möglichkeiten und Grenzen einer Ausgestaltung des schulinternen Forderkonzeptes zum Thema "Problemlösen" in der Jahrgangsstufe 5 am Beispiel von mathematischen Zaubertricks

vorgelegt von

VOLKMAR DELSCHEN

Ausbildungsjahrgang: 2008/2010
Schulform: Gesamtschule
Ausbildungsschule: Anne-Frank-Gesamtschule Havixbeck

Münster, den 25.05.2009

„Die Neugier steht immer an erster Stelle eines Problems, das gelöst werden will."

(Galileo Galilei)

Inhaltsverzeichnis

1. Einleitung

„Die Neugier steht immer an erster Stelle eines Problems, das gelöst werden will"[1]. Dieses Zitat von Galileo Galilei vermittelt eine erste Vorstellung darüber, warum mathematische Zaubertricks wunderbar als Ausgangspunkt für das Problemlösen im Unterricht geeignet sind. Diese Arbeit wird jedoch zeigen, dass es mehr als verblüffender Tricks bedarf, um die Zauberei zweckgerichtet in der Schule einzusetzen. Abgesehen von methodischen Vorüberlegungen sind auch die Bildungsstandards, der Kernlehrplan und auch schulinterne Vorgaben, in diesem Fall das Forderkonzept, zu berücksichtigen. Diese Aspekte sollen in der Entwicklung eines Konzeptes beachtet werden, welches in die Curriculumsarbeit des schulinternen Forderkonzeptes für den 5. Jahrgang einfließen soll. Da in diesem Bereich bislang lediglich Aufgabensammlungen bestehen, die ohne konzeptionelle Überlegungen angelegt wurden, kann diese Arbeit ein Beitrag zur schulischen Entwicklungsarbeit im Bereich des Forderkonzeptes der Anne-Frank-Gesamtschule sein. Um die Ausgestaltung nicht nur zu entwickeln, sondern auch evaluieren zu können, fokussiert sich das Konzept auf die Entwicklung und Förderung von Problemlösekompetenzen. Nach den Vergleichsstudien wie TIMSS und PISA ist die Entwicklung dieser Kompetenz ein Qualitätsmerkmal des Mathematikunterrichts, das, ausgehend von den Bildungsstandards, im Kernlehrplan verankert ist. Mathematische Zaubertricks scheinen hierfür das ideale Handlungsfeld zu sein, da sie neben einer intrinsischen Motivation weitere Anknüpfungsmöglichkeiten versprechen. So wird diese Arbeit zeigen, dass sich aus der Kombination von „Problemlösen" und „Zaubern" ein umfassendes Konzept mit vielschichtigen Lernmöglichkeiten entwickeln lässt.

Die vorliegende Arbeit erläutert zunächst die relevanten Lehrerfunktionen (Kap. 2) und danach das schulinterne Forderkonzept der Anne-Frank-Gesamtschule (Kap. 3). Die Einbeziehung der Bildungsstandards und des Kernlehrplans unter dem Gesichtspunkt des Problemlösens findet in Kapitel 4 statt. Der näheren Untersuchung des mathematischen Problems folgt ein Abschnitt über die zentralen psychoanalytischen Theorien, welche die Wissenschaft für das Problemlösen bereitstellt. Die mit der Informationsverarbeitungstheorie begründeten heuristischen Strategien bilden den Abschluss der didaktischen Vorüberlegungen. Das 5. Kapitel beinhaltet die methodischen Vorüberlegungen, die bei Ausgestaltung des Konzeptes zum Tragen kommen. Die Auseinandersetzung auf inhaltlicher Ebene, welche sich mit der organisatorischen Gestaltung, der heuristischen Schulung und der Umsetzung des Problemlösens am Beispiel

---

[1] Galileo Galilei (1564 – 1642) war ein italienischer Mathematiker, Physiker und Astronom, der bahnbrechende Entdeckungen auf mehreren Gebieten der Naturwissenschaften machte (Zitat abgerufen unter: http://www. bildungswirt.de/ 2009/04/22/1026).

von mathematischen Zaubertricks beschäftigt, findet in Kapitel 6 statt. Anschließend erfolgt ein Rückblick auf die Möglichkeiten, aber auch die Grenzen der gewählten Ausgestaltung (Kap. 7). Den Abschluss dieser Arbeit bildet eine Evaluation, aus der Verbesserungsvorschläge entwickelt werden, die rückwirkend in die methodischen und didaktischen Überlegungen integriert werden (Kap. 8).

2. Die Lehrerfunktionen

Die vorliegende Arbeit stellt Bezüge zu unterschiedlichen Lehrerfunktionen her, die an dieser Stelle kurz vorgestellt werden[2].

Es handelt sich erstens um die Lehrerfunktion *Unterrichten*, die sich durch die Entscheidungen zur Unterrichtsplanung und -durchführung aus fachlicher, didaktischer und methodischer Sicht begründet. Neben dem Aufbau von Problemlösekompetenzen spielt die Umsetzung des schulinternen Forderkonzeptes eine besondere Rolle. Darauf aufbauend wird der Unterricht reflektiert und ausgewertet.

Zweitens ist die Lehrerfunktion *Diagnostizieren und Fördern* im Blickfeld dieser Arbeit, die insofern an die Funktion *Unterrichten* anknüpft, als dass mathematisch begabte Schüler[3] in Umfeld eines Forderkurses im Jahrgang 5 gezielt gefördert werden sollen.

Die Lehrerfunktion *Organisieren und Verwalten* vollzieht sich drittens durch die systematische Mitgestaltung der Institution Schule, die vor allem durch die Eingliederung dieses Konzeptes in die Curriculumsarbeit des Forderkonzeptes zum Tragen kommt und somit die Qualität schulischer Arbeit verbessern soll.

3. Das schulinterne Forderkonzept im Fach Mathematik

Als Ausgangspunkt für die vorliegende Ausgestaltung dient u.a. das schulinterne Forderkonzept der Anne-Frank-Gesamtschule im Bereich Mathematik, welches in ein breit angelegtes Förderprogramm für die Unter- und Mittelstufe eingebettet ist. Im Detail unterteilt sich das Förderprogramm in die drei Bereiche „Anschluss finden", „Grenzen suchen" und „Abschluss finden". Das Anliegen für die Unterstufe beruht ausschließlich auf den Bereichen „Anschluss finden" und „Grenzen suchen". Den Schülern soll auf der einen Seite eine Möglichkeit geboten werden ihre Defizite in den Fächern Deutsch, Englisch und/oder Mathematik durch separate Fachförderkurse zu beheben („Anschluss finden"), auf der anderen Seite sind für begabte Schüler in den benannten Fächern sog. Forderkurse

---

[2] Die Beleuchtung der relevanten Lehrerfunktionen orientieren sich an den Rahmenvorgaben für den Vorbereitungsdienst in Studienseminar und Schule (http://www.schulministerium.nrw.de/BP/Schulrecht/Lehrerausbildung/Rahmenvorgabe_OVP.pdf).
[3] Die Verwendung der maskulinen Form *der Schüler* beinhaltet fortlaufend auch die feminine Form *die Schülerin*. Gleiches gilt für andere maskuline Wortformen.

eingerichtet („Grenzen suchen"). Beide Kursarten finden einmal die Woche jeweils einstündig statt und beschränken sich ausschließlich auf die Jahrgangsstufen 5 und 6.

Da sich die vorliegende Arbeit mit dem Forderkurs Mathematik auseinandersetzt, soll dieser Baustein im Folgenden näher betrachtet werden[4].

Das Kernziel wird bereits durch den Oberbegriff des Bausteins „Grenzen suchen" hervorgehoben und besagt, dass neben der Schaffung von zusätzlichen Herausforderungen, den Leistungsspitzen in dem Fachgebiet ermöglicht werden soll, ihre Grenzen eigenständig zu erfahren. Als weitere Ziele werden die Stärkung von sozialen Kompetenzen und die Förderung von Selbstständigkeit und Verantwortungsbereitschaft ausgegeben[5]. Die inhaltlichen Vorgaben beschränken sich auf die Durchführung von Fachprojekten[6], die über den Rahmen des normalen Fachunterrichts hinausgehen sollen[7]. Darüber hinaus empfehlen Fritzlar et al. zum einen den Spaß der Kinder am Umgang mit Zahlen zu erhalten und zu vergrößern, und zum anderen die Freude am Problem lösenden Denken zu fördern [8].

Die Auswahl der teilnehmenden Schüler, die sich neben der Beobachtung durch die zuständige Lehrkraft auf einen schulinternen Diagnosetest (Lernstandsbeschreibung Mathematik)[9] stützt, erfolgt durch den Fachlehrer[10] und die Klassenkonferenz. Aus jeder der fünf Klassen nehmen daraufhin drei mathematisch begabte Schüler an dem Forderkurs Mathematik teil, so dass die Kursgröße auf insgesamt 15 Personen festgesetzt ist. Die Schüler des Forderkurses sind daher keine „Hochbegabten" im engeren Sinne, sondern vielmehr überdurchschnittlich mathematisch begabte und interessierte Kinder.

In der Literatur wird diese Art des Förder- bzw. Forderkonzeptes für begabte Schüler „Enrichment" genannt. Unter diesem Begriff wird ein vertieftes Lernen verstanden, welches das reguläre Unterrichtsangebot nicht ersetzen, sondern ergänzen soll[11]. Ein beschleunigtes durchlaufen der Schullaufbahn wird beim Enrichment nicht vorgesehen, so dass die Schüler durchgängig in ihrem Klassenverband bleiben. Bei den Lerninhalten wird zwischen dem vertikalen Enrichment, welches die Themen des Lehrplans vertiefen soll,

---

[4] vgl. Thees (2008), S. 1-4
[5] In der Literatur werden die Lernziele von solchen „Plus-Kursen" ebenfalls in der Stärkung von allgemeinen Fähigkeiten wie geistige Flexibilität und Bereitschaft zur Teamarbeit gesehen (vgl. Holling, & Kanning (1999). S. 72). Fritzlar et al. sehen in den Forderkursen sogar eine Möglichkeit zur Stärkung der Persönlichkeitsentwicklung (Selbstbewusstsein, Anstrengungsbereitschaft, Ausdauer, Förderung der sozialen Kompetenz).
[6] Der Begriff „Projekt" umschreibt in diesem Zusammenhang einen Themenkomplex, der über einen längeren Zeitraum behandelt wird und ein Endprodukt aufweisen sollte.
[7] Ein Arbeitsvorhaben für das Schuljahr 2008/2009 ist die Entwicklung eines Curriculums durch die Fachkonferenz Mathematik.
[8] Fritzlat et al. (2006), S. 8-9
[9] Der Diagnosetest erfasst den mathematischen Stoff aus dem Primarbereich und soll in dieser Arbeit nicht näher erläutert werden.
[10] Durch die Formulierung „Lehrer" ist in dieser Arbeit stets auch die weibliche Form „Lehrerinnen" eingeschlossen.
[11] Holling & Kanning (1999). S. 71

und dem horizontalen Enrichment, also eine Ergänzung des Unterrichtspensums, unterschieden[12]. Das schulinterne Konzept der Anne-Frank-Gesamtschule im Bereich der Begabtenförderung gibt somit ein horizontales Enrichment als inhaltlichen Handlungsrahmen vor.

4. Fachdidaktische Überlegungen

4.1 Das Problemlösen und die Bildungsstandards

Die Bildungsstandards stützen sich auf ein Bündel von Kompetenzen bzw. Kompetenzerwartungen, die von den Schülern im Laufe ihrer Schulzeit erworben werden sollen. In den Bildungsstandards werden die Problemlösekompetenzen definiert als „die Gesamtheit aller Kenntnisse, Fähigkeiten und Bereitschaften, die ein Mensch benötigt, um in einer Vielfalt aktueller und künftiger Lebenssituationen neue Anforderungen zu bewältigen"[13]. Obwohl diese Fähigkeiten weit über die mathematischen Fähigkeiten hinausgehen, ist das Fach Mathematik nach Ansicht der KMK „besonders gut geeignet, Schülern problemhaltige Situationen anzubieten und Problemlöseprozesse zu initiieren"[14]. Das Fach Mathematik kann somit einen wichtigen Beitrag zur Bildung leisten, indem durch die Bearbeitung von Problemen mit mathematischen Mitteln allgemeine Problemlösefähigkeiten erworben werden[15]. Das Problemlösen ist daher eine Schlüsselqualifikation im Sinne einer Grundlage für ein lebenslanges Lernen, da die Schüler nicht nur mit uneindeutigen Informationen zurechtkommen müssen, sondern auch eigene Lösungsansätze und Strategien entwickeln sollen[16].

Schwierigkeiten bei der Übertragung von innermathematischen Problemlösekompetenzen auf außermathematische Strukturen, sind nach dem Ansatz des „situated learnings" unausweichlich[17]. Der Transfer kann nur erfolgen, wenn die Problemlösestrategien „kontextgebunden gelernt und anschließend durch Dekontextualisierung abstrahiert werden"[18]. Eine Anwendung der Problemlösefähigkeiten im Alltagsleben kann demnach nur erfolgen, falls diese in Form von abstrakten Wissensstrukturen vorliegen. In dieser

---

[12] Holling & Kanning (1999). S. 72
[13] Landesinstitut für Schule / Qualitätsagentur (2006). S. 80
[14] Landesinstitut für Schule / Qualitätsagentur (2006). S. 81
[15] Vgl. Kultusministerkonferenz (2004), S. 6
[16] Leuders weist daraufhin, dass „die Geschwindigkeit der technischen und gesellschaftlichen Veränderungen mehr denn je eine hohe Flexibilität verlangt. Weder Lebens- noch Berufsbedingungen sind heute so beständig, dass es ausreicht, […] mit einem Repertoire von Grundfähigkeiten ausgerüstet zu werden. Insofern kann man die Schlüsselqualifikation als Kompetenz zu lebenslangem Lernen verstehen" (Leuders (2009), S. 51). Die Problemlösefähigkeit wird hierbei oft als eine zentrale Schlüsselqualifikation genannt.
[17] Ein Nachweis über den Transfer konnte „bisher nur dann nachgewiesen werden, wenn es sich um sehr ähnliche Probleme im gleichen Kontext handelt (naher Transfer) oder wenn es um Probleme geht, die eine gleiche Struktur aufweisen. Nach dem Ansatz des „situated learnings" wird Wissen in einem Kontext (sozial und inhaltlich) konstruiert und ist „somit situativ und kontextuell gebunden".(Heinze (2007), S. 12).
[18] Heinze (2007), S. 12

6

Arbeit wird daher der Begriff Problemlösekompetenz nicht in der genannten Abstraktheit verwendet. Es sollen darunter die „kognitiven und auch motivationalen und volitionalen Fähigkeiten, Kenntnisse bzw. Bereitschaft eines Individuums verstanden" werden, „die zur erfolgreichen Bewältigung von Problemstellungen erforderlich sind"[19].

In den Bildungsstandards für den mittleren Schulabschluss werden zunächst allgemeine mathematische Kompetenzen angegeben, die sich in 6 Bereiche aufteilen. „Probleme mathematisch lösen" ist hierbei eine Kompetenz, die neben der Auswahl und Anwendung von Heuristiken durch die Reflexion von Ergebnissen und Lösungswegen konkretisiert wird[20]. Im Primarbereich soll eine Basis für die Erwerbung dieser Problemlösekompetenz gelegt werden, so dass sich diese Bildungsstandards durch eine abgeschwächte Form der genannten Erwartungen auszeichnen[21].

Das unterschiedliche Niveau, das bei Problemlöseprozessen erreicht werden kann, wird in den Bildungsstandards durch drei Anforderungsbereiche charakterisiert[22]:

- Anforderungsbereich I: Lösen durch Identifikation und Auswahl einer naheliegenden Strategie.
- Anforderungsbereich II: Mehrschrittiges strategiegestütztes Vorgehen.
- Anforderungsbereich III: Konstruieren einer elaborierten Strategie, Reflexion über verschiedene Lösungswege.

Um diese Bildungsstandards zu erreichen, wird eine klare Akzentuierung im Unterricht auf die prozessbezogenen mathematischen Kompetenzen empfohlen. Nur so bietet sich für die bisher untergeordnete Problemlösekompetenz die Chance, dass diese eine stärkere Rolle im Mathematikunterricht bekommt[23]. Dementsprechend soll sich die vorliegende Ausgestaltung auf die Förderung der Problemlösekompetenzen fokussieren, um somit einen zielgerichteten Beitrag zu den geforderten Bildungsstandards zu leisten.

4.2 Einbettung des Problemlösens in den Kernlehrplan Mathematik

Das Forderkonzept der Anne-Frank-Gesamtschule basiert auf den Ideen des horizontalen Enrichments, so dass zwar Ergänzungen der Lerninhalte erfolgen, die sich gleichwohl auf

---

[19] Heinze (2007), S. 11
[20] Im Wortlaut werden die Erwartungen folgendermaßen ausgegeben: 1. „vorgegebene und selbst formulierte Probleme bearbeiten". 2. „Geeignete heuristische Hilfsmittel, Strategien und Prinzipien zum Problemlösen auswählen und anwenden". 3. „Die Plausibilität der Ergebnisse überprüfen sowie das Finden von Lösungsideen und die Lösungswege reflektieren" (Kultusministerkonferenz (2004), S. 8).
[21] Die Kompetenzerwartungen für den Primarbereich lauten konkret: 1. „Mathematische Kenntnisse, Fertigkeiten und Fähigkeiten bei der Bearbeitung von problemhaltigen Aufgaben anwenden". 2. „Lösungsstrategien entwickeln und nutzen (z.B. systematisches probieren). 3. Zusammenhänge erkennen, nutzen und auf ähnliche Sachverhalte übertragen" (Kultusministerkonferenz (2005), S. 7).
[22] Vgl. Blum et al. (2006), S. 39
[23] Vgl. Deutscher Verein zur Förderung des mathematischen und naturwissenschaftlichen Unterricht e.V. (2004). S. 7

den Kernlehrplan Mathematik beziehen müssen. Dementsprechend wird im Folgenden der Kernlehrplan Mathematik für die Sekundarstufe I an Gesamtschulen vorgestellt, um die Ausgestaltung auch vor diesem Hintergrund konzipieren und beleuchten zu können. Die prozessbezogenen und inhaltsbezogenen Kompetenzen, die eng miteinander verzahnt sind, bilden die Basis des Kernlehrplans Mathematik. Die prozessbezogenen Kompetenzen können nur bei der Behandlung von Lerninhalten, also unter Nutzung von inhaltsbezogener Kompetenzen erworben werden. Somit besteht eine ständige Verbindung zwischen diesen beiden Kompetenzbereichen.

Für die Entwicklung der prozessbezogenen Kompetenz „Problemlösen" sollen die Schüler inner- und außermathematische Problemsituationen strukturieren und lösen, in denen ein Lösungsweg nicht unmittelbar erkennbar ist bzw. bei denen nicht unmittelbar auf erlernte Verfahren zurückgegriffen werden kann[24]. Der Kernlehrplan enthält darüber hinaus Handlungsanforderungen, welche die Schüler in dem Kompetenzbereich „Problemlösen" am Ende der Sekundarstufe I erworben haben sollen[25]. Eine Konkretisierung dieser Kompetenzerwartungen findet auf der Ebene der Jahrgangsstufen statt, so dass eine Orientierung für die langfristige Vermittlung der Kernkompetenzen gegeben ist.

Die konkreten Erwartungen des Kernlehrplans werden auf der Basis einer Erfassung, Erkundung, Lösung und Reflexion von Problemen formuliert. Dieses Konzept soll einen Beitrag zu folgenden Problemlösekompetenzen leisten[26]. Schüler:

- geben Problemstellungen in eigenen Worten wieder und entnehmen ihnen die relevanten Größen (Erfassung).

- nutzen elementare mathematische Regeln und Verfahren (Rechnen, Schließen) zum Losen von anschaulichen Alltagsproblemen (Erkundung).

- wenden die Problemlösestrategie „Beispiele finden" und „Überprüfen durch Probieren" an (Lösung).

- nutzen die Darstellungsform Tabelle zur Problemlösung (Lösung).

- deuten Ergebnisse in Bezug auf die ursprüngliche Problemstellung (Reflexion).

Die Nutzung der Darstellungsform Tabelle wird als Kompetenz erst am Ende der Jahrgangsstufe 8 gefordert. Die Schulung dieser Kompetenz wird in der Ausgestaltung

---

[24] Ministerium für Schule und Weiterbildung, Wissenschaft und Forschung des Landes Nordrhein-Westfalen (2004), S. 14
[25] In dem Kernlehrplan werden die Handlungsanforderungen folgendermaßen umschrieben: 1. „Sie geben Problemstellungen mit eigenen Worten wieder, erkunden sie, stellen Vermutungen auf und zerlegen Probleme in Teilprobleme". 2. „Sie nutzen Darstellungsformen, mathematische Verfahren und nutzen Problemlösestrategien wie Überschlagen, Beispiele finden, systematisches Probieren, Schlussfolgern, Zurückführen auf Bekanntes und Verallgemeinern". 3. „Sie überprüfen und bewerten Lösungswege und Ergebnisse, auch die Möglichkeit mehrerer Lösungen" (Ministerium für Schule und Weiterbildung, Wissenschaft und Forschung des Landes Nordrhein-Westfalen (2004), S. 14).
[26] Ministerium für Schule und Weiterbildung, Wissenschaft und Forschung des Landes Nordrhein-Westfalen (2004), S. 18-19; S. 23

aufgegriffen, weil ein Forderkurs mit horizontalem Enrichment das Lernumfeld bildet. Zudem werden die sog. Zuordnungstabellen angewendet, welche die einfachste Form einer Tabelle darstellt (vgl. Kap. 4.5).

Die inhaltsbezogenen Kompetenzen unterteilen sich in dem Kernlehrplan in die Bereiche Arithmetik/Algebra, Funktionen, Geometrie und Stochastik[27]. Die mathematischen Zaubertricks, die im Rahmen dieses Konzeptes verwendet werden, bewegen sich in unterschiedlichen Anteilen in den beiden Inhaltsbereichen Arithmetik/Algebra und Funktionen (vgl. Kap. 6.4). Der inhaltliche Schwerpunkt der einzelnen Problemstellungen wird dabei von vielen Faktoren (z.b. Aufgabenstellung, individuelle Lösungsansätze) beeinflusst. Da eine detaillierte Betrachtung dieser Zusammenhänge keinen Einfluss auf die Entwicklung des Konzeptes hat, werden die inhaltsbezogenen Kompetenzen des Kernlehrplans aus der Betrachtung herausgenommen.

Ein übergeordnetes Ziel des Mathematikunterrichts ist die Entwicklung von sozialen Kompetenzen. Die Schüler sollen demnach lernen, „gemeinsam mit anderen mathematisches Wissen zu entwickeln und Probleme zu lösen"[28]. Damit stimmt der Kernlehrplan mit dem Ziel des schulinternen Forderkonzeptes überein.

4.3 Das mathematische Problem

Der Begriff „Problem" wurde in den bisherigen Ausführungen verwendet, ohne eine klare Abgrenzung herzustellen. Der Duden beschreibt ein Problem lediglich als eine schwierig zu lösende Aufgabe[29]. Für eine Verwendung im wissenschaftlichen Bereich ist diese Formulierung zu vage und wird von vielen Autoren in der Hinsicht präzisiert, dass sie eine „Barriere" zwischen einem Ausgangszustand und einem erwünschten Zielzustand als Hauptkriterium für ein Problem ansehen. Entscheidend dabei ist, dass dem Problemlöser kein Lösungsalgorithmus zur Verfügung steht und ihm die notwendigen Schritte zur Lösung unbekannt sind[30]. Blum et al.[31] betonen, dass ein Problem bzw. Problemlösen im mathematischen Sinne dann vorliegt, wenn die Lösungsstruktur nicht offensichtlich und ein strategisches Vorgehen bei der Bearbeitung notwendig ist. Die individuelle Komponente (persönliche Erfahrung, Vorwissen), welche die Auffassung eines Problems und den Problemlöseprozess beeinflussen kann, spielt demnach eine bedeutende Rolle[32].

---

[27] Vgl. Ministerium für Schule und Weiterbildung, Wissenschaft und Forschung des Landes Nordrhein-Westfalen (2004), S. 14-16; S. 20-22
[28] Vgl. Ministerium für Schule und Weiterbildung, Wissenschaft und Forschung des Landes Nordrhein-Westfalen (2004), S. 11
[29] Der große Duden (1966)
[30] Vgl. Heinze (2007), S. 3 und Hoffmann (2002), S. 7-8
[31] Vgl. Blum, Drüke-Noe, Hartung & Köller (2006), S. 39
[32] Hoffmann (2002), S. 10

In Bezug auf den Mathematikunterricht sollten Problemaufgaben grundlegenden Anforderungen entsprechen, d.h., die Aufgabe sollte nicht nur nach der Definition ein echtes Problem sein, sondern auch den Schülern interessant erscheinen[33]. Die Problemsituation sollte den Lernenden unmittelbar plausibel sein, so dass die Lösung des Problems in den Mittelpunkt des Unterrichts rückt. Der Lösungsweg sollte „offen genug sein für eigene Entdeckungen, die herausfordern aber nicht überfordern"[34]. Nach Leuders[35] zeichnen sich gute Probleme dadurch aus, dass sie einen Kontext für ein mathematisches Konzept bieten. Ein solches Konzept liegt dann vor, wenn die Probleme auf allgemeine mathematische Ideen zurückführen und somit übergreifende Probleme verständlich machen.

In der Literatur findet eine detaillierte Betrachtung von Problemaufgaben statt, indem von vielen Autoren versucht wird, Probleme zu klassifizieren. Im Folgenden werden nur die für diese Arbeit relevanten Ideen aufgegriffen[36].

Eine grobe Unterscheidung zwischen offenen und geschlossenen Problemen liefert Pehkonen[37]. Die Grundlage für dieses Dual entsteht durch die Betrachtung des Ausgangs- und Zielzustandes, welche bei geschlossenen Problemen eindeutig definiert sein müssen. Unter Einbeziehung des Lösungsweges, entstehen durch Bruder[38] weitere Problemtypen, die in der folgenden Tabelle dargestellt sind.

Tabelle 1: Klassifizierung von Problemaufgaben nach Bruder (2000)

Ausgangs-zustand	Weg	End-zustand	Aufgabentyp	
X	-	X	Begründungsaufgabe, Beweisaufgabe, Strategiefindungsaufgabe	1
X	-	-	Problemaufgabe	2
-	-	X	Umkehrung einer Problemaufgabe	3
-	X	-	Aufforderung zur Erfindung einer Aufgabe zu einem mathematischen Thema	4
-	-	-	Problemsituation (offene Aufgabe i. e. S.)	5

Es wird deutlich, dass insgesamt fünf verschiedene Konstellationen auftreten können, die sich aufgrund der vorhandenen Informationen über Ausgangszustand, Weg und Endzustand unterscheiden[39]. Im Mathematikunterricht lässt sich jeder dieser Aufgabentypen

---

[33] Vgl. Zech (2002), S. 322
[34] Vgl. Landesinstitut für Schule / Qualitätsagentur (2006), S. 79-83
[35] Vgl. Leuders (2003), S. 119-125
[36] Weitere Klassifikationsmöglichkeiten finden sich bei Hoffmann (2002, S. 9).
[37] Pehkonen (1991), S. 46-49
[38] Vgl. Leuders (2003), S. 126
[39] Eine vergleichbare Sortierung der Problemaufgaben erfolgt durch Dörner (1976, S. 14 ff), der den Fokus die zu überwindenden „Barrieren" legt. Es entstehen drei Kategorien von Problemen, die mit den Aufgabentypen von Bruder vergleichbar sind. 1. Interpolationsprobleme (vgl. Aufgabentyp 1 von Bruder).

zweckgerichtet einsetzen, je nachdem, welche Ziele mit der Problemstellung verfolgt werden.

4.4 Theorien des Problemlösens

Die Psychologie des Problemlösens lässt sich in drei Hauptströme von Theorien (Gestalttheorie, Assoziationstheorie, Informationsverarbeitungstheorie) unterteilen. Die ersten beiden Ansätze werden in diesem Abschnitt lediglich kurz dargestellt, um im Anschluss die Informationsverarbeitungstheorie detaillierter zu betrachten, da sie dem gegenwärtigen Stand der Forschung entspricht und somit für diese Arbeit als relevant angesehen wird.

Die Gestalttheorie, die in der aktuellen Diskussion zum Problemlösen keinen direkten Einfluss mehr besitzt, versteht den Problemlöseprozess als eine Bereinigung eines Mangels innerer Ordnung. Die Beziehungen zwischen den einzelnen Aspekten des Problems werden umstrukturiert, so dass durch dieses „produktive Denken" neuartige Verknüpfungen erstellt werden, aus der die Lösungseinsicht resultiert. Der gesamte kognitive Vorgang durchläuft aus der Sicht der Gestaltpsychologen verschiedene Stadien, die als Vorbereitungsphase, Inkubation, Erleuchtung („Aha-Erlebnis") und abschließende Verifikation (Überprüfung) beschrieben werden[40]. Abgeleitet von dieser Gestalttheorie finden sich in der Literatur eine Vielzahl von äußeren Beschreibungen des Problemlösevorgangs wieder, die alle folgende Elemente eines Stufenschemas aufweisen[41]:

- Begegnung mit dem Problem – Denkfrage,
- Versuch zur Klärung – Vorbereitung einer Problemlösung,
- Entfernung vom Problem – Frustration (Inkubation),
- Lösungsidee – Einfall (Illumination),
- intellektuelle Bearbeitung der Lösungsidee - Ausarbeitung und Überprüfung (Synthese)[42].

Der assoziationstheoretische Ansatz hingegen beruht auf der Anschauung, dass jede Person eine Reaktions- oder Gewohnheitshierarchie ausbildet, die durch die „zur Verfügung stehenden und durch Erfahrung erworbenen Reaktionen"[43] ausgebildet wurde. Bei der Konfrontation mit einem Problem kommt zunächst die dominante Reaktion zum Einsatz,

---

Syntheseprobleme (vgl. Aufgabentyp 1 von Bruder). 3. Dialektische Probleme (vgl. Aufgabentyp 2 von Bruder).

[40] Vgl. Mayer (1979). S. 67-76

[41] Vgl. Leuders (2003), S. 129 und Zech (2002), S. 321.

[42] Bereits in den 50er Jahren entwickelte der Mathematiker Polya vier Lösungsschritte/Phasen verknüpft mit einem Katalog an Fragen, die beim Problemlösen eine strukturelle Hilfe sein sollen. Sie gleichen dem hier aufgestellten Stufenschema und werden daher nicht näher thematisiert (vgl. Polya (1967), S. 19).

[43] Hoffmann (2002). S. 13

die bei Bedarf (Problem wird nicht gelöst) durch weitere Reaktionen gemäß einer festen Hierarchie abgelöst wird[44]. Je niedriger die Assoziationsstärke der erfolgreichen Reaktion ist, desto höher wird demnach die Problemschwierigkeit eingestuft. Da komplexe kognitive Problemlösungsprozesse durch diese Theorie nicht erklärt werden können, entspricht sie nicht mehr den wissenschaftlichen Forderungen der Problemlösungspsychologie.

Die Informationsverarbeitungstheorie basiert auf der anthropologischen Annahme, die den menschlichen Organismus als ein offenes System ansieht, welches Informationen durch die Sinne aufnimmt, intern verarbeitet und wieder an die Umwelt abgibt. „Zwischen den Systemelementen bestehen kompensierende Rückkopplungshilfen"[45], so dass von einem kybernetischen System ausgegangen wird. Das Problemlösen findet in einem Problemraum statt, der durch individuelles Vorwissen und Aufgabenverständnis subjektiv konstruiert wird. Neben einem Satz von Zuständen (Anfangszustand, intermediäre Zustände, Zielzustand) umfasst der Problemraum sog. Operatoren, die als solche geistigen Prozesse umschrieben werden, die eine Überführung von einem Wissenszustand in einen anderen ermöglichen. Diese Problemlöseoperatoren können durch Entdeckung, Analogien oder durch Instruktion erworben werden. Der Einsatz dieser Operatoren erfolgt mit Hilfe einer Unterschiedsreduktion zwischen Ausgangs- und Zielzustand und verläuft über die Zwischenzustände bzw. Teilziele, die eine Transformation in den Zielzustand ermöglichen[46]. Der Vorgang des Problemlösens besteht somit darin, innerhalb des Problemraum eine mögliche Sequenz von Operatoren zu finden, die für das Problem geeignet ist.

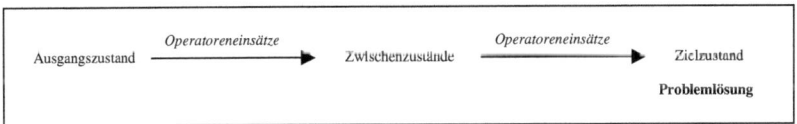

Abbildung 1: Problemraum einer Problemlösung nach Hoffmann (2002, S. 15)

Ausgehend von dieser Theorie, wurden eine Vielzahl von Lösungsmethoden entwickelt, die das planvolle Absuchen des Problemraums begünstigen sollen. Diese sog. heuristischen Strategien bieten daher für die Lösungsfindung eine Systematik an, die insbesondere die inneren Denkprozesse fördern und regulieren soll[47]. Da heuristische Strategien im Rahmen dieses Konzeptes angewendet werden sollen, werden sie im Folgenden nochmals aufgegriffen und an die vorliegenden Rahmenbedingungen (Altersstufe, Themengebiet) angepasst.

---

[44] Vgl. Arbinger (1997). S. 43
[45] Hoffmann (2002). S. 14
[46] Vgl. Anderson (1996), S. 235 ff
[47] Vgl. Hoffmann (2002), S. 15

4.5 Problemlösen und Heuristiken

Eine Heuristik ist im allgemeinen eine „methodische Anleitung, Anweisung, Neues zu (er)finden"[48] und wird im Bereich der Mathematik als eine Problemlösestrategie verstanden. Das Entscheidende hierbei ist, dass eine Heuristik keinen Algorithmus darstellt, sondern nur eine „grobe und unterschiedlich auslegbare Handlungsmaxime" angibt, so dass ihre Anwendung flexibel und situationsabhängig ist[49]. König sieht heuristische Vorgehensweisen vor allem „dadurch charakterisiert, dass sie vom konkreten Inhalt der zu lösenden Aufgabe weitgehend unabhängig sind und dass sie den Aufgabenlöser zum Aufbau von Suchräumen [...] befähigen"[50]. Die Literatur bietet folglich eine große Anzahl von Heuristiken an, die von allgemeinen Methoden bis hin zur Verwendung spezieller geistiger Techniken reichen. Eine Einteilung lässt sich in die Bereiche „heuristische Prinzipien", „heuristische Strategien" und „heuristische Hilfsmittel" vornehmen, wobei diese Begriffe nicht eindeutig abzugrenzen sind und zum Teil in enger Verbindung stehen[51].

Die **heuristischen Prinzipien** stellen allgemeine Strategien für das Problemlösen dar (z.B. Analogie- und das Rückführungsprinzip, Zerlegungsprinzip, Fallunterscheidungen, Transformationsprinzip)[52]. Für die vorliegende Altersstufe sind diese Prinzipien jedoch nicht geeignet, da sie einen zu hohen Abstraktionsgrad aufweisen und der Problemlöser über ein fundiertes mathematisches Wissen verfügen muss.

Konkrete Anhaltspunkte für das Problemlösen bieten die vielschichtigen **heuristischen Strategien** und werden daher in der Literatur als die zentralen Heuristiken ausgegeben[53]. Sie umfassen nicht nur ordnende Strategien (Tabelle, Diagramm, systematisches Aufzählen, Aufzeichnungstechniken,...) und diverse Reflexionsstrategien (Plausibilität, Rechenprobe,...), sondern auch ein Bündel von Lösungsstrategien im engeren Sinne (Vorwärts- Rückwärtsarbeiten, Beispiele suchen, systematisches Probieren, ...)[54]. Wird eine Reduzierung des Komplexitätsniveaus vorgenommen, können, wie der Kernlehrplan zeigt, ausgewählte Strategien bereits in der Jahrgangsstufe 5 eingeführt werden..

Die **heuristischen Hilfsmittel** sind eng mit den heuristischen Strategien verbunden, beschränken sich jedoch auf eine zweckdienliche Darstellungsmethode der Problemstellung, so dass „die in natürlicher Sprache gegebenen Informationen [...]

---

[48] Der große Duden (1966)
[49] Leuders (2003). S. 133
[50] König (1992). S. 24
[51] Vgl. König (1992). S. 26
[52] Detaillierte Erläuterungen zu diesen heuristischen Prinzipien finden sich u.a. bei König (1992), S. 27-28.
[53] Vgl. Leuders (2003). S. 133
[54] Einblicke in die Fülle der heuristischen Strategien gewinnt man bei Polya (1988), König (1992) oder Zech (2002).

13

übersichtlich" [55] festgehalten werden. Neben der Festsetzung von Variablen und Abkürzungen, der Anfertigung von Planfiguren, Graphen, Mengendiagrammen oder Skizzen, zählt auch die Tabelle zu den heuristischen Hilfsmitteln, da ihr Einsatz weitgehend unabhängig vom konkreten Inhalt der zu lösenden Aufgabe ist. König unterstreicht in seinen Ausführungen sogar die Vielseitigkeit und den besonderen Wert einer Tabelle im Problemlösungsprozess und beschreibt u.a. folgende Funktionen[56]:

- Entdeckung von Beziehungen zwischen Zahlen und Größen,
- Systematisches Erfassen von möglichen Fällen,
- Übersichtliches Festhalten von gegebenen Beziehungen oder Zusammenhängen.

Der Begriff „Zuordnungstabelle" wird verwendet, wenn verschiedene Größen einander direkt zugeordnet werden. Diese Art von Tabellen besitzen lediglich zwei Spalten und lassen sich daher in eine niedrige Niveaustufung einordnen[57]. Daher bietet sich diese Darstellungsmethode bereits für den 5er-Forderkurs Mathematik an, obwohl sie im Kernlehrplan erst am Ende der Jahrgangsstufe 8 gefordert wird (vgl. Kap. 4.2).

Das übergeordnete Ziel einer heuristischen Schulung ist die Entwicklung einer Handlungsfähigkeit, d.h., dass die Schüler aus einem Repertoire von Strategien oder Hilfsmitteln die günstigste Vorgehensweise auswählen und anwenden können[58]. Die vielfältigen heuristischen Vorgehensweisen lassen sich jedoch nur dann effektiv vermitteln, wenn die Schulung langfristig und etappenweise erfolgt. Nur durch diese progressive Erweiterung kann eine Selbstständigkeit und Handlungsfähigkeit im Bereich des Problemlösens erreicht werden. Die Ausbildung ist somit nur über Teilhandlungen möglich, so dass es erforderlich ist, in „einzelnen Klassenstufen und Stoffgebieten Schwerpunkte zu setzen bzw. gewisse Teilhandlungen gesondert auszubilden"[59]. Das Alter der Schüler muss hierbei besonders beachtet werden, da die heuristischen Vorgehensweisen nicht nur für alle Klassenstufen gleichermaßen bedeutsam sind, sondern diese auch kognitiv erfasst werden müssen[60]. Um die Handlungsfähigkeit der Schüler zu erreichen, muss demnach während der gesamten Schullaufbahn an diesem Prozess gearbeitet werden.

---

[55] König (1992), S. 34
[56] Vgl. König (1992). S. 35
[57] Heyer (1992, S. 49) unterscheidet verschiedene Niveaustufungen einer Tabelle. „Dabei wächst die Schwierigkeit mit der Anzahl der Spalten stärker als mit der Anzahl der Zeilen, solange in den Zeilen die Objekte (Situationen) und in den Spalten die Eigenschaften dieser Objekte (Situationen) festgehalten werden".
[58] Vgl. Heyer & König (1992), S. 61
[59] Heyer & König (1992), S. 53.
[60] Vgl. Heyer (1992), S. 39

5. Methodische Überlegungen

5.1 Methodische Gestaltung des Problemlösens

5.1.1 Organisationsform

Zunächst stellt sich die Frage, in welcher Organisationsform bzw. Unterrichtsgestaltung das „Problemlösen" am effektivsten stattfinden kann. Zech spricht sich für einen Kleingruppenunterricht aus, bei der die optimale Gruppengröße bei 4-5 Schüler erreicht ist, da somit eine bestmögliche Balance zwischen Kommunikationsprozessen und Anregungen für das Problemlösen gegeben ist[61]. Ausgehend von der konstruktivistischen Perspektive sieht auch Leuders in der Gruppenkonstellation die günstigste Voraussetzung für den problemlösenden Unterricht, der durch eine hohe Schüleraktivierung und ständigen Austausch unter den Schülern geprägt sein sollte[62]. Weitere Vorteile einer gruppenorientierten Methode werden in der Förderung der Kooperationsfähigkeit, der Verbalisierungsfähigkeit, der Selbstregulierung, der Selbstständigkeit und des Selbstbewusstseins gesehen. Weiterhin wird eine Abhängigkeit vom Lehrer abgebaut und dem Lehrer die Gelegenheit geboten, durch Beobachtung den Schülern individuelle Hilfestellungen zu geben[63] (vgl. Kap. 5.1.2).

Eine spezielle Form des Gruppenunterrichts stellt die sog. Gruppenexploration dar, die bei der Entdeckung von mathematischen Zusammenhängen nützlich ist. Die arbeitsteilige Erforschung von einer Vielzahl von Beispielen bereitet den Boden für Problemlösungen und eignet sich im Rahmen dieser Arbeit besonders für die Entdeckung der eingesetzten mathematischen Zaubertricks (vgl. Kap. 6.4). In der Literatur auch häufig „Entdeckungsmethode" genannt, wird sie besonderes für die Jahre vor der Adoleszenz[64] empfohlen und als unentbehrlich angesehen, „wenn man effektive Arten des Problemlösens lehren will"[65]. Zech betont, dass die geeigneten methodischen Rahmenbedingungen für die Erlernung von Problemlösekompetenzen darin bestehen, dass man den Schülern „zunächst eine geeignete Anleitung gibt, die sie dann mehr oder weniger selbstständig erproben"[66]. Diese Selbstständigkeit bei der Ausübung der selbstentdeckenden Methode nimmt ebenfalls bei König[67] und Ausubel[68] eine zentrale Bedeutung ein. Bei der selbstständigen

---

[61] Vgl. Zech (2002), S. 358 ff
[62] Vgl. Leuders (2003), S. 119 ff
[63] Vgl. Zech (2002), S. 358 ff
[64] Die Adoleszenz beschreibt das Heranwachsendenalter (ab ca. 16 Jahren). Somit ist die hier ausgewählte Methode für den Forderkurs Mathematik des 5. Jahrgangs (ca. 11 Jahre) geeignet.
[65] Ausubel, u.a. 1981, S. 606
[66] Zech (2002), S. 351
[67] „Wir halten es für wichtig, das die Schüler die Beziehungen [...] selbst finden" (König (1992), S. 38.
[68] „Die Problemlösefähigkeit muss durch langfristige Erfahrung mit dem Lösen von Problemen erworben werden. Schon deshalb sollte ein Teil dieser Erfahrungen selbstentdeckend gemacht werden" (Ausubel et al. (1981), S. 664).

Entwicklung von Strategien und Lösungswegen, sollte jedoch beachtet werden, dass die Schüler aus vorhandenen Kenntnissen schöpfen und diese neu kombinieren können[69].

Im Zusammenhang mit der Gruppenarbeit begegnet dem Lehrer ein Bündel von Funktionen[70]. Neben der Organisation ist er für die materielle Versorgung der Gruppen zuständig. Während der Arbeitsphase kommen die regulierende und die initiierende Funktion hinzu, die in diesem Konzept durch den Einsatz von Lernhilfen eingebunden werden.

5.1.2 Lernhilfen

Der Selbstständigkeit sind beim Problemlösen durch verschiedene Einflussfaktoren gewisse Grenzen gesetzt. Auf der einen Seite bestehen im Schulunterricht zeitliche Begrenzungen für die Arbeitsphasen, die aufgrund einer zielgerichteten Gesamtplanung eingehalten werden müssen. Zum anderen können während des Problemlösungsprozesses eine Vielzahl von Hindernissen[71] auftreten, die von den Schülern nicht immer alleine überwunden werden können. Zech schlägt eine Taxonomie möglicher Lernhilfen vor, die nach dem Prinzip der minimalen Hilfe[72] eingesetzt werden soll. Die Taxonomie umfasst folgende Hilfestellungen mit ansteigender Stärke[73]:

1. Motivationshilfen

2. Rückmeldungshilfen

3. Allgemein-strategische Hilfen

4. Inhaltsorientierte strategische Hilfen

5. Inhaltliche Hilfen

In der Praxis sind diese Hilfen eng miteinander verflochten und lassen sich in keine klare lineare Ordnung bringen. Somit ist es von entscheidender Bedeutung, dass der Lehrer im Vorfeld mögliche Hilfen konzipiert, um sie je nach Situation variabel einsetzen zu können. Ein ähnliches Prinzip der Hilfestellungen verfolgen Heyer und König[74]. Bei der sog. „genormten Impulsgebung" werden inhaltunabhängige Impulse gegeben, die sich somit auf heuristische Vorgehensweisen beziehen. Die Impulse basieren dabei auf genormten Formulierungen, so dass Gemeinsamkeiten des Vorgehens beim Lösen von Problemen deutlich werden. Als Einschränkung zu der Taxonomie von Zech, sollen konkrete, inhaltorientierte Hinweise, die einen Lösungsweg verraten, nicht vorgenommen werden. Auf lange Sicht sollen die Impulse nicht mehr vom Lehrer, sondern von den Schülern

---

[69] Vgl. Leuders (2002), S. 119-125
[70] Vgl. Zech (2002), S. 362
[71] z.B. Motivationsverluste, „Sackgassen" bei den Problemfindung, Unsicherheiten beim Problemlösen, ...
[72] Das Prinzip der minimalen Hilfe funktioniert folgendermaßen: Wenn der Lehrer den Eindruck besitzt, „dass eine Gruppe bei der Lösung eines Problems nicht weiterkommt, gibt er ihr die seiner Einschätzung nach geringste Hilfe, die den Problemlösungsprozess vermutlich weiterbringt" (Zech (2002), S. 315).
[73] Vgl. Zech (2002), S. 315-319
[74] Vgl. Heyer & König (1992), S. 51-57

selbst vorgenommen werden. Das Ziel ist es, heuristische Vorgehensweisen bewusst zu vermitteln, um die Schüler „letztlich zu befähigen, ihre geistige Tätigkeit beim Lösen problemhafter Aufgaben"[75] selbst zu steuern. Somit besteht die Möglichkeit, langfristig eine Handlungsfähigkeit aufzubauen.

Durch die Ausführungen wird deutlich, dass der Lehrer beim problemlösenden Lernen Funktionen erfüllen muss, die bei anderen Unterrichtssequenzen nicht in dem Maße gefordert werden. Neben einer stimulierenden Funktion zur generellen Förderung des Problemlöseverhalten, muss der Lehrer eine motivierende, eine rückmeldende, eine heuristische und eine informierende Funktion während des Problemlösungsprozesses einnehmen[76].

5.1.3 Auswahl der Aufgaben

Im Hinblick auf das Problemlösen betont Zech, dass „die Wahl einer echten und zugleich interessanten Problemlösungsaufgabe"[77] von besonderer Bedeutung ist. Er sieht die Motivation am Anfang und während des Problemlösungsprozesses als zentrale Grundlage an, da der Lernende „weitgehend selbst den Lösungsprozess weitertreiben und nicht gleich nach den ersten vergeblichen Ansätzen aufstecken soll"[78]. Hoffmann sieht in den motivationalen Faktoren, die von der Auswahl der Aufgaben beeinflusst werden können, sogar einen starken Einfluss auf die Problemlösequalität[79]. Diese Art der Motivation, die aus der Sache bzw. Aufgabe heraus entspringt, wird als intrinsische (primäre) Motivation bezeichnet. Sie ist der extrinsischen (sekundären) Motivation, die auf Belohnungen beruht, vorzuziehen, da sie auf lange Sicht die Beschäftigung mit der Mathematik fördert und ein lang anhaltendes Interesse aufbaut[80]. Aus diesen Gründen kennzeichnet Leuders[81] den Aufforderungscharakter als ein Qualitätsmerkmal einer Aufgabe. Dieser kann von mathematischen Zaubertricks ausgehen, indem nicht nur die Anwendungsrelevanz und der Bezug zur Wahrnehmungswelt der Schüler hergestellt werden, sondern auch der Effekt des kognitiven Konfliktes ausgenutzt wird. Neben dem Aufforderungscharakter, wird die Aufgabenqualität anhand der Authentizität und der Offenheit von Arbeitsaufträgen gemessen.

Neben den Motivationsaspekten bildet die Auswahl der Aufgaben den mathematischen Spielraum für Lösungswege und heuristische Vorgehensweisen. Durch gezielte Problemstellungen lassen sich Schwerpunkte setzen bzw. gewisse heuristische

---

[75] Heyer & König (1992), S. 54
[76] Vgl. Zech (2002), S. 362
[77] Zech (2002), S. 322
[78] Zech (2002), S. 322
[79] Vgl. Hoffmann (2002). S. 10
[80] Vgl. Krauthausen & Scherer (2003), S. 191-192
[81] Vgl. Leuders (2009), S. 121-140

Teilhandlungen isoliert ausbilden. „Dazu sind die Aufgaben so zu wählen, dass die Vorgehensweise, die schwerpunktmäßig anzueignen ist, eine günstige Lösungsmöglichkeit liefert"[82]. Die Schüler sollen dadurch aktiv erleben, wie gewisse heuristische Vorgehensweisen zum Erfolg führen.

5.1.4 Weitere methodische Gesichtspunkte

Neben den zentralen methodischen Gestaltungsmerkmalen, sollen im folgenden weitere Gesichtspunkte erwähnt werden, die bei der Entwicklung von Problemlösekompetenzen beachtet werden müssen. Diese sekundären Aspekte fließen ebenfalls in die Ausgestaltung des Konzeptes ein, spielen jedoch nur eine untergeordnete Rolle.

- Beim Lösen einer problemhaften Aufgabe ist ein Suchprozess erforderlich → keine Hektik und den Schülern genügend Zeit lassen[83],

- affektive (emotionale) Komponenten sind bedeutend → Erfolgserlebnisse sind wichtig,

- der Arbeitsprozess muss organisiert sein,

- die Schüler müssen aufgefordert werden Zwischenergebnisse festzuhalten,

- der Lehrer sollte die Schülerleistungen nicht vorzeitig bewerten → Leistungsdruck hemmt die Kreativität[84],

- die Schüler sollten ihre Lösungswege reflektieren, kommentieren und begründen,

- abschließend sollte eine die Anwendung und der Transfer des Gelernten erfolgen → Lernkontrolle für das Problemlösen[85].

5.2 Zaubern mit Mathematik

Allgemein betrachtet, ist das Zaubern zunächst eine Form „der Unterhaltungskunst, die durch die Vortäuschung unmöglicher Ereignisse" [86] die Zuschauer faszinieren soll. Mathematische Zaubertricks hingegen lassen sich als solche Tricks abgrenzen, die sich „mathematischer Prinzipien und Erkenntnisse bedienen, um ihr Ziel zu erreichen"[87]. Nach Hetzler lassen sich die Tricks nach unterschiedlichen Zielsetzungen und Effekten differenzieren[88]:

1. Durch gewisse Rechenoperationen können geheime Zahlen einer Person ermittelt werden.

---

[82] Heyer & König (1992), S. 53
[83] Vgl. Heyer & König (1992), S. 51
[84] Vgl. Leuders (2003), S. 130
[85] Vgl. Zech (2002), S. 325 ff
[86] Tautenhahn (1999), S. 22
[87] Hetzler (1998), S. 7
[88] Vgl. Hetzler (1998), S. 7

2. Dem Zauberer wird ermöglicht, bestimmte Voraussagen zu machen oder telepathische Fähigkeiten vorzutäuschen.

3. Der Zauberer wird durch gewisse Formeln oder Algorithmen zu einem Rechen- oder Gedächtniskünstler.

Mathematische Zaubertricks, die im schulischen Kontext angewendet werden, sollten bestimmte Voraussetzungen erfüllen. Es ist notwendig, dass die Schüler sie in einer akzeptablen Zeit kognitiv verarbeiten können und zum anderen, dass die Tricks mathematische Gesetzmäßigkeiten offenbaren. Die mathematische Wirklichkeit wird den Schülern somit auf eine ihnen unbekannte Art eindrücklich vor Augen geführt[89]. Diese Eigenschaften bilden die Voraussetzung dafür, dass Zaubertricks im Unterricht zielgerichtet eingesetzt werden können und nicht ausschließlich der Unterhaltung dienen.

Im schulischen Kontext bietet die Anwendung von mathematischen Zaubertricks weitere, für die Zauberei bezeichnende Vorteile. Es wird sich zu Nutze gemacht, dass Zauberei immer auch die Neugier auf das Geheimnis des Zaubertricks weckt[90]. Demnach können Schüler von dem Geheimnis „so gefangen werden, dass sie sich intensiv mit dem Trick beschäftigen"[91]. Die Authentizität und der hochgradige Aufforderungscharakter von mathematischen Zaubertricks liefern insofern die Voraussetzung für eine hohe Aufgabenqualität. Wenn es zusätzlich gelingt, aus den Zaubertricks geeignete Problemaufgaben zu entwickeln, kann dies die ideale Basis für einen Unterricht sein, der Problemlösekompetenzen im Sinne der Kernlehrpläne und Bildungsstandards ausbildet.

Wie bereits erwähnt, dienen Zaubertricks im Grunde dazu, Zuschauer zu unterhalten und zu faszinieren. Dies sollte den Schülern in keinem Fall vorenthalten werden, so dass nach der intensiven Beschäftigung mit den Tricks bzw. Problemstellungen eine Zaubervorführung erfolgen sollte. Dies begünstigt nicht nur die Motivation, sich mit den Tricks längerfristig auseinanderzusetzen, sondern fördert zudem eine Reihe bedeutsamer sozialer und personaler Kompetenzen. Engelhardt & Gustke weisen darauf hin, dass „ein souveränes Auftreten vor anderen, ein gutes verbales, gestisches und mimisches Ausdrucksvermögen […] durch zunehmende Erfahrung und Sicherheit entwickelt und gefördert"[92] werden. Zaubern stärkt infolgedessen das Selbstwertgefühl und das Vertrauen in eigene Fähigkeiten. Zudem bietet es den Schülern die Möglichkeit „sich auszuprobieren, zu profilieren und Erfolge zu erlangen auf einem Gebiet, das nicht jeder beherrscht"[93]. Wenn mehrere Schüler eine Zaubervorführung zusammen erarbeiten, gestalten und

---

[89] Hetzler (1998), S. 7
[90] Tautenhahn (1999), S. 22
[91] Hetzler (1998), S. 7
[92] Von Engelhardt & Gustke (2005), S. 5
[93] Von Engelhardt & Gustke (2005), S. 5

aufführen sollen, werden neben den kommunikativen Prozessen auch die Selbstständigkeit und die Verantwortungsbereitschaft der Schüler gefördert. Durch die Einbindung einer mathematischen Zaubershow in das Konzept können also Zielvorgaben des schulinternen Forderkonzeptes und des Kernlehrplans umgesetzt werden.

6. Inhaltliche Überlegungen

6.1 Organisatorische Gestaltung des Konzeptes

Zunächst soll dem Leser ein Überblick über die zeitliche Abfolge und die verschiedenen Phasen des gesamtes Konzeptes gegeben werden.

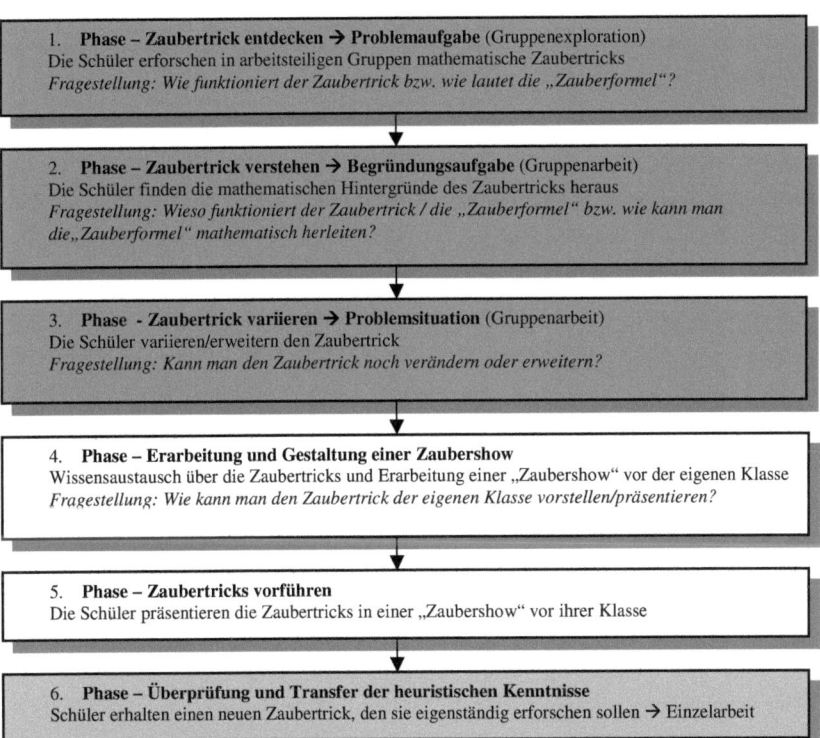

1. **Phase – Zaubertrick entdecken → Problemaufgabe** (Gruppenexploration)
Die Schüler erforschen in arbeitsteiligen Gruppen mathematische Zaubertricks
Fragestellung: Wie funktioniert der Zaubertrick bzw. wie lautet die „Zauberformel"?

2. **Phase – Zaubertrick verstehen → Begründungsaufgabe** (Gruppenarbeit)
Die Schüler finden die mathematischen Hintergründe des Zaubertricks heraus
Fragestellung: Wieso funktioniert der Zaubertrick / die „Zauberformel" bzw. wie kann man die „Zauberformel" mathematisch herleiten?

3. **Phase - Zaubertrick variieren → Problemsituation** (Gruppenarbeit)
Die Schüler variieren/erweitern den Zaubertrick
Fragestellung: Kann man den Zaubertrick noch verändern oder erweitern?

4. **Phase – Erarbeitung und Gestaltung einer Zaubershow**
Wissensaustausch über die Zaubertricks und Erarbeitung einer „Zaubershow" vor der eigenen Klasse
Fragestellung: Wie kann man den Zaubertrick der eigenen Klasse vorstellen/präsentieren?

5. **Phase – Zaubertricks vorführen**
Die Schüler präsentieren die Zaubertricks in einer „Zaubershow" vor ihrer Klasse

6. **Phase – Überprüfung und Transfer der heuristischen Kenntnisse**
Schüler erhalten einen neuen Zaubertrick, den sie eigenständig erforschen sollen → Einzelarbeit

Abbildung 2: Ablaufplan des Konzeptes "Zaubern mit Mathematik" (eigene Darstellung)

Im Folgenden werden die verschiedenen Organisationsformen detaillierter beschrieben, die, ausgenommen die 6. Phase, auf einem gruppenorientierten Unterricht basieren. In Kapitel 5.1.1 wurde bereits begründet, dass sich für das Problemlösen verschiedene Methoden der Gruppenarbeit mit einer Gruppengröße von 4-6 Schülern besonders anbieten.

Da der Forderkurs aus 15 Schülern besteht, wobei jeweils drei Schüler aus einer Klasse stammen, wurde folgende Gruppenzusammensetzung gewählt.

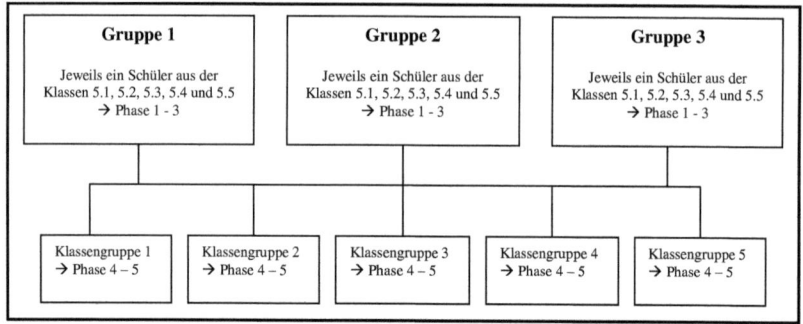

Gruppe 1

Jeweils ein Schüler aus der Klassen 5.1, 5.2, 5.3, 5.4 und 5.5
→ Phase 1 - 3

Gruppe 2

Jeweils ein Schüler aus der Klassen 5.1, 5.2, 5.3, 5.4 und 5.5
→ Phase 1 - 3

Gruppe 3

Jeweils ein Schüler aus der Klassen 5.1, 5.2, 5.3, 5.4 und 5.5
→ Phase 1 - 3

Klassengruppe 1
→ Phase 4 – 5

Klassengruppe 2
→ Phase 4 – 5

Klassengruppe 3
→ Phase 4 – 5

Klassengruppe 4
→ Phase 4 – 5

Klassengruppe 5
→ Phase 4 – 5

Abbildung 3: Gruppenzusammensetzung (eigene Darstellung)

Durch diese Klassenmischung wird gewährleistet, dass jeder Schüler mit Personen zusammenarbeiten muss, die ihm weniger bekannt und vertraut sind. Somit wird das schulinterne Forderkonzept, welches eine Förderung der sozialen Kompetenzen als Ziel ausgibt, methodisch unterstützt (vgl. Kap. 2). Für die 4. und 5. Phase werden neue Gruppen gebildet, die sich jeweils aus den drei Schülern einer Klasse zusammensetzen. Dadurch wird gewährleistet, dass in der Zaubershow drei unterschiedliche Zaubertricks präsentiert werden können. Die Schüler sollen sich die Tricks zunächst gegenseitig zeigen und erklären, um aus diesem Repertoire eine eigene Zaubershow zu planen. Dadurch wird nicht nur die Selbstständigkeit und Verantwortungsbereitschaft gefördert[94], sondern auch eine erneute Kommunikation über Mathematik angeregt.

Die Präsentation der Zaubershow findet in den jeweiligen Stammklassen der Gruppen statt, wobei die Schüler von dem Lehrkörper des Forderkurses begleitet und unterstützt werden (Materialbeschaffung, Moderation, Absprachen mit dem Fachlehrer). Ein gesonderter Termin innerhalb des regulären Mathematikunterrichts muss somit mit den Mathematiklehrern des 5. Jahrgangs koordiniert werden[95].

In der abschließenden 6. Phase arbeiten die Schüler eigenständig, um zu überprüfen, ob ein Transfer der heuristischen Strategien auf ähnliche Problemstellungen von jedem einzelnen vollzogen werden kann. Die Lernkontrolle für das Problemlösen erfolgt demnach an einem neuartigen Zaubertrick mit veränderten Situationsbedingungen[96].

---

[94] Selbstständigkeit und Verantwortungsbereitschaft sind ebenfalls Ziele, die das schulinterne Forderkonzept vorsieht (vgl. Kap. 2).
[95] Im Anhang befindet sich das Anschreiben an die Mathematiklehrer des 5. Jahrgang.
[96] Vgl. Zech (2002), S. 325-327. Zech (2002, S. 325) betont zudem: "Ob ein Schüler wirklich Einsicht gewonnen hat, kann der Lehrer am besten dadurch prüfen, dass er ihm abgewandelte Aufgaben vorlegt. Mit anderen Worten: Einsicht ist besonders durch Transferfähigkeit zu testen".

Der gesamte Entwicklungsgang wird mit Hilfe einer „Zaubermappe" (siehe Anhang) begleitet, so dass Zwischen- und Endergebnisse schriftlich festgehalten werden. Dadurch wird den Schülern eine Hilfestellung geboten, den Arbeitsprozess zu organisieren und bedeutsame Informationen an einem zentralen Ort festzuhalten. Die Schüler werden zudem aufgefordert ihre Lösungsschritte zu kommentieren und zu begründen (vgl. Kap. 5.1.4). Unter dem Gesichtspunkt, dass der Forderkurs lediglich einmal die Woche stattfindet, ist diese Unterstützung unabdingbar.

6.2 Schulung heuristischer Strategien

Bei der Schulung der heuristischen Strategien liegt der Schwerpunkt auf der Selbsttätigkeit der Schüler (vgl. Kap. 5.1.1). Dadurch kommt das Konzept nicht nur den methodischen Empfehlungen nach, sondern lässt die Schüler auch die verschiedenen Phasen eines Problemlösevorgangs eigenständig durchlaufen (vgl. Kap. 4.4). Es wird eine Situation geschaffen, in der sich die Schüler zum einen intensiv mit dem Problem auseinandersetzen (Begegnung mit dem Problem, Vorbereitung einer Problemlösung) und zum anderen auch Phasen der Frustration (Inkubation) erleben. Dadurch wird die Zielsetzung des schulinternen Forderkonzeptes erfüllt, die neben der Förderung der Selbstständigkeit auch die eigenständige Erfahrung von Grenzen anstrebt. Eine Frustration wird demnach bewusst zugelassen.

Eine effektive Schulung von Heuristiken ist jedoch nur möglich, wenn altersangemessene Schwerpunkte gesetzt werden (vgl. Kap. 4.5). Dies wird ausschließlich erreicht, indem der Lehrer Aufgaben ausgewählt, die zur isolierten Ausbildung von heuristischen Teilhandlungen geeignet sind. Daher sind die in dieser Arbeit eingesetzten mathematischen Zaubertricks so beschaffen, dass sie sich durch identische heuristische Strategien äußerst effektiv untersuchen lassen (vgl. Kap. 6.4). Die folgenden Heuristiken bilden den Kern des hier vorgestellten Konzeptes:

- Zuordnungstabelle (heuristisches Hilfsmittel) → **ordnende Strategie**,
- Schlussfolgern bzw. Entdeckung von Beziehungen → **Lösungsstrategie**,
- Plausibilität, Rechenprobe, „Überprüfen durch Probieren" (heuristische Strategie)
  → **Reflexionsstrategie**.

Neben dem erforderlichen Suchprozess, sind besonderes bei jüngeren Schülern Erfolgserlebnisse bedeutsam. Um diese zu ermöglichen, wird die Taxonomie der Lernhilfen bzw. die Impulsgebung angewendet (vgl. Kap. 5.1.2). Insgesamt sollte darauf geachtet werden, dass die Hilfen inhaltsunabhängig und damit allgemein strategisch bleiben. Die Einführung der Heuristiken erfolgt daher sukzessiv und wird bei jeder Gruppe individuell dosiert. Diese Vorgehensweise hat den Vorteil, dass sich zum einen die

Wirksamkeit von heuristischen Strategien den Schülern besonders offenbart und zum anderen keine Denkprozesse vorweggenommen werden. Falls eine Gruppe auch ohne heuristische Hilfen zu einer Lösung des Problems kommt, soll darauf geachtet werden, dass die oben genannten Heuristiken trotzdem durchlaufen werden. Dadurch wird gewährleistet, dass jeder Schüler die Wirksamkeit der Problemlösungsstrategien kennen lernt.

6.3 Zaubertricks als Basis für Problemstellungen

Bei der Konzeption wurde darauf geachtet, dass die Problemstellungen eine gewisse Offenheit zulassen, um dieser Dimension von Aufgabenqualität im Sinne von Leuders[97] nachzukommen. Die mathematischen Zaubertricks lassen sich von mehreren Seiten beleuchten, so dass unterschiedliche Problemtypen an denselben Trick herangetragen werden können. Wie die folgenden Ausführungen zeigen, beinhaltet das Konzept neben den Problemaufgaben auch Begründungsaufgaben (geschlossene Probleme) und Problemsituationen (offene Probleme).

In der ersten Phase des Konzeptes (siehe Abb. 2) werden die Schüler mit dem Problem konfrontiert, dass sie eine Zauberformel für ihren Trick herausfinden sollen. Diese Aufgabe gehört zu den offenen Problemen, da zwar der Ausgangs-, aber nicht der Zielzustand eindeutig definiert ist. Dieser Aufgabentyp wird ebenfalls als klassische Problemaufgabe beschrieben und besteht nicht nur aus einer „Barriere" im Weg, sondern auch aus einer „Barriere" im Endzustand.

Geht es um die Aufgabe, die Zaubertricks mathematisch zu verstehen, spricht man von geschlossenen Problemen (2. Phase). Da nun auch der Endzustand (Zauberformel) bekannt ist, besteht die Problemstellung ausschließlich in dem Weg, der zu diesem Zustand führt. In diesem Zusammenhang spricht man demnach auch von einer Begründungsaufgabe.

In der dritten Phase besteht das Problem nun darin, die bekannten Zaubertricks eigenständig zu verändern. Die Kenntnisse aus der zweiten Phase sollen genutzt werden, um einen neuartiger Zaubertrick entstehen zu lassen, der in keiner erkennbaren Beziehung zu dem Ausgangstrick zu stehen scheint. Im Vergleich zu der Problemaufgabe aus der 1. Phase, ist nun der Ausgangszustand flexibel und nicht eindeutig vorgegeben. Dieser Aufgabentyp lässt sich demnach als offenes Problem oder eine Problemsituation einordnen.

Die Problemstellungen der 2. und 3. Phase weisen eine erhöhte Offenheit und Komplexität aus. Da es sich um einen Forderkurs handelt, sollen den Leistungsspitzen nicht nur zusätzliche Herausforderungen, sondern auch Grenzerfahrungen ermöglicht werden (vgl. Kap. 2).

---

[97] Vgl. Leuders (2009), S. 99

6.4 Die Zaubertricks

In diesem Abschnitt wird eine Beschreibung der mathematischen Zaubertricks vorgenommen, um dem Leser einen Einblick in die Aufgaben zu geben.

Die Tricks sind so aufgebaut, dass die Schüler mit Hilfe ihrer vorhandenen mathematischen Kenntnisse die Problemstellungen unmittelbar nachvollziehen können (vgl. Kap. 4.3). Zudem erfolgt die Auswahl nach unterschiedlichen Zielsetzungen und Effekten der Zaubertricks (vgl. Kap. 5.2). Die Gruppen beschäftigen sich daher mit spezifischen Zauberkunststücken, die eine abwechslungsreiche Zaubervorführung gewährleisten. Zudem identifizieren sich die Schüler stärker mit „ihrem" Zaubertrick, was eine Verstärkung der intrinsischen Motivation bewirkt.

Das Niveau der Aufgaben ist durchgängig so gewählt, dass der Anforderungsbereich II erreicht werden muss, um die mathematischen Probleme lösen zu können, d.h., dass den Schülern ein mehrschrittiges strategiegestütztes Vorgehen abverlangt wird (vgl. Kap. 4.1).

6.4.1 Zahlenkartentrick

Durch die Beherrschung des Zahlenkartentricks[98] kann ein Schüler eine ausgedachte Zahl zwischen 1 und 60 ermitteln. Der Zauberer benutzt dafür sechs Zahlenkarten, auf der eine Fülle von Zahlen zu sehen sind. Wenn er weiß, auf welchen Karten die ausgedachte Zahl vertreten ist, muss er jeweils die Zahlen links oben auf den Karten addieren, um die geheime Zahl der Person berechnen zu können (siehe Anhang).

Der Trick kann von der Gruppe herausgefunden werden, indem sie eine Fülle von Beispielen untersuchen, die in einer Zuordnungstabelle (2 Spalten) festgehalten werden[99]. Bei dieser heuristischen Vorgehensweise stoßen die Schüler unweigerlich auf Sonderfälle[100], von denen auf den allgemeinen Fall geschlossen werden kann. Wird eine Vermutung für eine Zauberformel aufgestellt, wird zwangsläufig die Problemlösestrategie „Überprüfen durch Probieren"[101] angewendet, da somit die Zauberformel getestet wird (Problemaufgabe).

Der mathematische Hintergrund, den die Schüler anschließend erforschen sollen, lässt sich ebenfalls durch eine Zuordnungstabelle herausfinden. Der Gruppe wird durch die Betrachtung von vielen Beispielen bewusst, dass sich jede Zahl eindeutig als Summe der

---

[98] Entnommen aus: Der Mathekoffer (2008) und Tautenhahn (1999), S. 27-29.
[99] In der ersten Spalte steht die gedachte Zahl, in der zweiten Spalte stehen die Nummern der Zahlenkarten, auf denen die Zahl vorkommt.
[100] Ein Sonderfall besteht, wenn eine geheime Zahl nur auf einer Zahlenkarte vorkommt. In einem solchen Fall stimmt die geheime Zahl mit der ersten Zahl (links oben) auf der Karte überein und lässt die Schüler schlussfolgern, dass die erste Zahl auf den Karten eine besondere Bedeutung hat.
[101] Somit erfüllt diese Problemaufgabe die Anforderungen des Kernlehrplans (vgl. Kap. 4.2). Bei den anderen Zaubertricks gelten die identischen Zusammenhänge.

Zahlen 1, 2, 4, 8, 16 ...(Zweierpotenzen)[102] schreiben lässt. Kommt in der Zerlegung eine gewisse Zweierpotenz vor, so muss die Zahl auch auf der bestimmten Zahlenkarte stehen (Begründungsaufgabe).

Für die dritte Phase, in der dieser Trick verändert werden soll, bieten sich eine Fülle von Variationsmöglichkeiten an. So könnte die Anzahl der Zahlenkarten von 6 auf 4 verringert werden. Dies hätte jedoch zur Folge, dass die Bandbreite der Zahlen, die vom Zauberer ermittelt werden können, kleiner ausfällt (1-31). Wenn man die Bandbreite der Zahlen erhöhen möchte, muss dementsprechend die Anzahl der Zahlenkarten heraufgesetzt werden. Es sind zusätzlich eine Fülle weiterer Variationsmöglichkeiten denkbar (z.B. Durchmischung der Zahlen auf den Karten, Zahlenbereiche abändern – nur gerade Zahlen) (Problemsituation).

6.4.2 Würfeltrick

Der Würfeltrick[103] ermöglicht einem Zauberer, die Voraussage über ein komplexes Rechenergebnis zu machen. Die Rechnung, welche in Abwesenheit des zaubernden Schülers durchgeführt wird, besteht aus der Summe einer Vielzahl von Würfelergebnissen. Nur anhand der letzten drei geworfenen Würfel, kann der Zauberer das Ergebnis der gesamten Rechnung bestimmen.

Für diesen Zaubertrick bietet sich ebenfalls die heuristische Strategie der Zuordnungstabelle (2 Spalten) an, indem die letzten drei Würfel dem Endergebnis gegenübergestellt werden. Durch die Betrachtung von vielen Beispielen, können die Schüler schlussfolgern, dass zu der Augenzahl der drei Würfel stets die „21" dazuaddiert werden muss, um das Endergebnis zu erhalten. Anschließend erfolgt das „Überprüfen durch Probieren", mit der die erforschte Zauberformel getestet wird (Problemaufgabe).

Es bietet sich an, die mathematischen Hintergründe anhand von mehreren exemplarischen Beispielen zu erkunden, die aus der Zuordnungstabelle entnommen werden können. Die Gruppe kann dadurch feststellen, dass die Vorder- und Rückseite eines Würfels stets die Augensumme „7" besitzt. Da dies in der gesamten Rechnung dreimal vorkommt, entsteht die Zauberformel mit der Addition der „21" (Begründungsaufgabe).

Die Variationsmöglichkeiten dieses Tricks für die 3. Phase sind breit gefächert. Der Grundgedanke könnte z.B. auf eine höhere/niedrigere Anzahl von Würfeln übertragen werden. Eine andere Beschriftung der Würfel wäre genauso denkbar wie der Einsatz von Spezialwürfeln mit einer anderen Flächenanzahl (Problemsituation).

---

[102] Der Begriff „Zweierpotenz" ist den Schülern im 5. Jahrgang noch nicht bekannt, so dass die berechneten Zweierpotenzen 1, 2, 4, 8, 16, ... als ausreichend empfunden werden.
[103] Entnommen aus: Von Engelhardt & Gustke (2006), S. 17.

6.4.3 Zahlenstreifentrick

Der Zahlenstreifentrick[104] lässt den Zauberer als einen Kopfrechenkünstler erscheinen. Sechs unterschiedliche Zahlenstreifen können in eine beliebige Reihenfolge gebracht werden, so dass eine Additionsaufgabe von fünf dreistelligen Zahlen entsteht. Das Ergebnis dieser aufwendigen Rechnung kann der Schüler unmittelbar bestimmen, sobald er die Aufgabenstellung sieht.

Die Zuordnungstabelle ist auch bei diesem Trick eine geeignete Methode, um die Zauberformel herauszufinden. Es werden hierzu die ausgewählten Zahlenstreifen mit dem entsprechenden Endergebnis tabellarisch verglichen. Liegen genügend Beispiele vor, kann die Gruppe erkennen, dass das Endergebnis in jeder vorletzten Zeile der Additionsaufgabe abzulesen ist. Die auftretenden Vermutungen für die Zauberformel werden erneut durch das „Überprüfen durch Probieren" kontrolliert (Problemaufgabe).

Den mathematischen Hintergrund können die Schüler herausfinden, indem sie mehrere schriftliche Additionsverfahren von Beispielen betrachten und Analogien herstellen. Es lässt sich schlussfolgern, dass der Übertrag bei jeder Teilrechnung „2" ist, so dass, außer bei der ersten Spalte, stets die Ziffern aus der vorletzten Zeile als Teilergebnis in Frage kommen. Da aus der Summe der ersten Spalte noch kein Übertrag entsteht, muss in dem Fall die „2" von der Ziffer aus der vorletzten Zeile abgezogen werden, um das richtige Endergebnis zu erhalten (Begründungsaufgabe).

Die Schüler können diesen Trick abwandeln, indem sie eine andere Anzahl an Zahlenstreifen benutzen und das Prinzip auf den entsprechenden Fall transferieren. Andere Möglichkeiten wären eine Permutation der Ziffern auf den Zahlenstreifen oder die Entwicklung von neuartigen Zahlenstreifen. Die Schüler können somit zu kreativen Ideen kommen (Problemsituation).

6.4.4 Magische Zauberkugel

Die Überprüfung des Transfers der heuristischen Kenntnisse erfolgt mit Hilfe eines weiteren Zaubertricks, nämlich der „magischen Zauberkugel"[105]. Dieser mathematische Trick kann als abgewandelte Problemsituation dienen, da er sich ideal durch die erworbenen Heuristiken herausfinden lässt (vgl. Kap. 5.1.4). Die Schüler müssen also zunächst eine Zuordnungstabelle anlegen, aus der dann Schlussfolgerungen gezogen werden können. Wenn eine Idee für eine Zauberformel vorliegt, muss sie durch die Reflexionsstrategie „Überprüfen durch Probieren" ausgetestet werden.

---

[104] Entnommen aus: Von Engelhardt & Gustke (2006), S. 34 und Tautenhahn (2000), S. 38-39.
[105] Die „Zauberkugel" lässt sich unter der Internetadresse http://www.messe-ideen.de/upload/magische-zauberkugel.swf aufrufen.

7. Möglichkeiten und Grenzen der Ausgestaltung

In diesem Kapitel soll beleuchtet werden, welche Möglichkeiten, aber auch welche Grenzen die gewählte Ausgestaltung offenbart.

Zunächst lässt sich feststellen, dass sich die Rahmenbedingungen des Forderkurses besonders für das Problemlösen eignen. Die Kursgröße von 15 Schülern ermöglicht eine intensive Betreuung des Lernprozesses, so dass bei der Ausbildung von Heuristiken die gezielte Impulsgebung bzw. die Taxonomie der Lernhilfen ideal angewendet werden kann. Da in dem Forderkurs keine Bewertungen erfolgen, entsteht durch den fehlenden Leistungsdruck eine kreative Arbeitsatmosphäre, die eine wichtige Voraussetzung für die Ausbildung von Problemlösekompetenzen ist. Der Einsatz von mathematischen Zaubertricks kann hierbei einen äußerst motivierenden Einstieg bieten. Diese intrinsische Motivation entsteht, da zum einen die Neugier der Schüler auf das Geheimnis des Tricks geweckt wird und zum anderen eine Zielperspektive durch die abschließende Zaubershow vor der eigenen Klasse entsteht. Die Aufgaben lassen sich zudem so konzipieren, dass eine Reihe von Anforderungen erfüllt werden können. Erstens ist eine altersangemessene Schulung von ausgewählten Heuristiken möglich. Für die Lösung der Zaubertricks sind diese Strategien vorteilhaft und zweckgerichtet, so dass sie für die Schüler unmittelbar erfahrbar werden. Bei der längerfristigen Behandlung der Tricks, können zweitens unterschiedliche Problemtypen (Problemaufgabe, Begründungsaufgabe, Problemsituation) behandelt werden, so dass kein monotones Problemlöseverhalten initiiert wird. Zuletzt besteht bei der Konzeption die Möglichkeit, die Zaubertricks nach unterschiedlichen Effekten (geheime Zahlen ermitteln, telepathische Fähigkeiten vortäuschen, einen Kopfrechenkünstler simulieren) auszuwählen. Anfangs kann dadurch eine erhöhte Identifikation der Gruppen mit ihrem Trick entstehen (1. – 3. Phase), während nach der Gruppenmischung (4. Phase) eine Interesse am gegenseitigen Austausch der Zaubertricks aufgebaut wird. Zusätzlich wird gewährleistet, dass die Zaubershow der Schüler abwechslungsreich und interessant gestaltet werden kann.

In Bezug auf das schulinterne Forderkonzept, bietet diese Ausgestaltung die Möglichkeit, die Ziele in sämtlichen Punkten umzusetzen. Die Förderung der Selbstständigkeit, die Stärkung von sozialen Kompetenzen und die Förderung der Verantwortungsbereitschaft resultieren aus diesem Konzept genauso, wie die Grenzerfahrungen für mathematisch begabte Schüler. Diese werden dadurch ermöglicht, dass die Schüler bei der Bearbeitung des Problems zunächst offen agieren, ohne die heuristischen Strategien zu kennen. Daneben schafft dieses Vorhaben einen Handlungsrahmen, der die Vorgaben der Bildungsstandards und des Kernlehrplans im Bereich der mathematischen Problemlösekompetenz erfüllt. Die hier ausgewiesenen Kompetenzerwartungen können durch dieses Konzept geschult werden, wobei im Hinblick auf die heuristische Schulung eine gezielte Schwerpunktsetzung auf die genannten Strategien erfolgt. Außerdem wird den Schülern die Möglichkeit geboten, ihre sozialen Kompetenzen zu entwickeln, da die Kooperationsfähigkeit nicht nur bei den Problemlösungsprozessen, sondern auch bei der Vorbereitung und Präsentation der Zaubervorführung eine zentrale Rolle spielt. Insgesamt zeigt sich, dass die gesamte Konzeption eine Form des horizontalen Enrichments darstellt und sich somit besonders für einen Forderkurs Mathematik in den Jahrgangsstufen 5-6 eignet.

Konzeptionelle Begrenzungen resultieren aus den zeitlichen Einschränkungen des Forderkurses – einmal wöchentlich 45 Minuten. Vertiefungs- oder Übungsphasen, in denen die heuristischen Strategien an weiteren Beispielen erprobt und thematisiert werden können, sind nur in geringem Umfang (6. Phase) möglich. Durch fehlende Übertragung der Strategien auf weitere Situationen, kann eine optimale Festigung der erworbenen Problemlösekompetenzen nicht stattfinden. Um einen Transfer der Problemlösefähigkeiten auf außermathematische Disziplinen zu erreichen, wäre neben dieser Kontexterweiterung auch eine Abstrahierung notwendig. In weiteren Unterrichtssequenzen müssten Phasen erfolgen, in denen ein Fundus von Strategien flexibel angewendet wird, um anschließend reflektiert und verallgemeinert zu werden[106].

Als Fortsetzung dieses Konzeptes wäre folgende Vorgehensweise denkbar, von der sämtliche Schüler des Jahrgangs profitieren würden. Nach den Zaubervorführungen in den Klassen, könnte diese Konzeption in modifizierter Form[107] im regulären Mathematikunterricht durchgeführt werden. Die drei Schüler aus dem Forderkurs ließen sich als Experten einsetzten, die während der Problemlösungsphase Impulse bzw. Lernhilfen[108] geben. Je nachdem welche Lern- und Arbeitsvoraussetzungen in der Klasse gegeben sind, könnte auch im Vorfeld eine Einführung der Heuristik „Zuordnungstabelle" erfolgen. Infolgedessen wären alle Schüler des Jahrgangs im Bereich der Problemlösekompetenzen auf demselben Entwicklungsstand und weitere Unterrichtsvorhaben könnten auf diesen Kompetenzen aufbauen. Um das endgültige Ziel

---

[106] Diese Anforderung findet sich u.a. dem Unterrichtskonzept nach Bruder wieder. Durch vertiefende Übungen, in denen die Strategien flexibel angewendet werden, wird eine Prozeduralisierung angestrebt (vgl. Heinze (2007), S. 17).
[107] Die Modifikation könnte darin bestehen, dass die Schüler nur die 1. und 2. Phase durchlaufen. Eine Binnendifferenzierung würde zusätzlich dadurch erreicht werden, indem ein Teil der Schüler nur die 1. Phase bearbeitet. Sämtliche Schüler könnten somit eine Schulung der zentralen heuristischen Strategien erfahren. Im Rahmen dieser Arbeit konnte dieser weiterführende Ansatz jedoch nicht realisiert werden, da die Rahmenbedingungen in den Klassen (Klassenarbeiten, Unterrichtsausfall) zu dem Zeitpunkt der Durchführung dies nicht zuließen.
[108] Die Schüler könnten Karteikarten erhalten, die nach dem Prinzip der „Taxonomie der Lernhilfen" bzw. der Impulsgebung (vgl. Kap. 5.1.2) aufgebaut sind. Die Schüler würden weitere personale und soziale Kompetenzen aufbauen. Zusätzlich würde der Lehrer entlastet werden, so dass bei den Problemlösungsprozessen eine optimale Betreuung der Schüler möglich wäre.

einer Handlungsfähigkeit zu erreichen[109], müsste jedoch eine Fortführung in den differenzierten Mathematikkursen[110] bis hin zum Schulabschluss erfolgen. Diese Perspektive zeigt nichtsdestotrotz eine Grenze des Konzeptes. Der Erfolg ist davon abhängig, ob eine Fortsetzung des Konzeptes auch wirklich praktiziert wird. Dies scheint dann realisierbar, wenn aufbauend auf dieser Ausgestaltung, ein langfristiges Gesamtkonzept entwickelt wird, welches fest in die Unterrichtvorhaben der einzelnen Jahrgangsstufen integriert wird. Für die Ausbildung einer vollständigen geistigen Beweglichkeit im Bereich des Problemlösens, die auch in Alltagssituationen anwendbar ist, kann diese Ausgestaltung erste Ansätze bieten. Das angestrebte Ziel, könnte jedoch erst von einem Bündel anknüpfender Unterrichtsvorhaben erreicht werden.

8. Evaluation und Reflexion der eigenen Unterrichtspraxis

8.1 Die Evaluation

Nachdem das vorliegende Konzept in einem 5er-Forderkurs Mathematik erprobt wurde, fand eine Evaluation[111] statt. Das Ziel war, Informationen zu sammeln, die aus der Perspektive der Schüler stammen. Folgende Bereiche sollen durch die Befragung abgedeckt werden:

1. Fand eine intrinsische Motivation statt?
2. Wie ist der Lernerfolg der heuristischen Strategien einzuschätzen?
3. Wie bewerten die Schüler die kommunikativen Prozesse innerhalb verschiedener Arbeitsphasen?
4. Wie bewerten die Schüler die Organisationsform (Gruppeneinteilung)?

Der Fragebogen (siehe Anhang) basiert auf den sog. „Likert-Items", wobei die Skala für die Bewertung der Aussagen keine Mittelkategorie enthält[112]. Um einen detaillierten Einblick in den Lernerfolg der behandelten Heuristiken zu bekommen, wurde das gewählte Format durch offene Fragestellungen ergänzt.

Die Evaluation dient dazu, die aufgestellten Ziele der Ausgestaltung einerseits zu überprüfen und andererseits gesichertes Wissen über den Erfolg der Methodenwahl zu

---

[109] Heyer (1992) stellt zu dieser Thematik Überlegungen an, wie die langfristige Ausbildung von heuristischen Vorgehensweisen erfolgen könnte.

[110] Ab der 7. Jahrgangstufe findet der Mathematikunterricht in differenzierten Kursen (G-Kurs oder E-Kurs) statt. Da der Forderkurs Mathematik auf die Jahrgangsstufen 5-6 begrenzt ist, müsste demnach eine Weiterführung in den E- bzw. G-Kursen stattfinden.

[111] Eine Evaluation umfasst „die systematische Sammlung, Analyse und Bewertung von Informationen über schulische Arbeit". Für den Idealfall einer Evaluation soll nach folgenden Arbeitsschritten vorgegangen werden: 1. Ziele klären; 2. Kriterien vereinbaren; 3. Methode auswählen; 4. Daten sammeln und aufbereiten; 5. Analyse und Bewertung; 6. Konsequenzen vereinbaren (vgl. Eikenbusch (2000), S. 23). Auch diese Evaluation wurde nach diesem Schema durchgeführt. Die einzelnen Arbeitsphasen tauchen dann auf, wenn diese für diese Arbeit zweckdienlich sind.

[112] Eine detaillierte Erläuterung zu der Entwicklung von solchen Fragebögen findet sich bei Borg & Staufenbiel (2007).

erhalten. Neben dieser schriftlichen Befragung der Schüler, werden Beobachtungen der eigenen Unterrichtspraxis hinzugezogen, um eine umfassende Gesamtreflexion der Konzeption durchführen zu können.

8.2 Reflexion der Evaluation und der eigenen Unterrichtspraxis

Die Ergebnisse der Evaluation zeigen, dass „Zaubern mit Mathematik" eine enorme intrinsische Motivation auslösen kann. Bei fast allen Schülern löste diese Thematik ein Interesse aus, welches 2/3 der Schüler dazu veranlasste, sich auch zu Hause mit den Zaubertricks zu beschäftigen. Diese gesteigerte Motivation Mathematik zu betreiben, wird offenbar durch den Vorführeffekt der Tricks initiiert. Schließlich präsentierten fast ¾ der Schüler die Zaubertricks auch im privaten Bereich und fast alle Schüler empfanden bei der Zaubervorführung Freude und Spaß (siehe Anhang). Eigene Beobachtungen bestätigen dieses positive Ergebnis. Insbesondere lösten die Zaubervorführungen eine auffallend hohe Begeisterung und Neugier in den Klassen aus, da die Schüler die Tricks der Klassenkameraden ebenfalls beherrschen wollten. „Zaubern mit Mathematik" besitzt also einen Bezug zur Wahrnehmungswelt der Kinder, es hat eine Anwendungsrelevanz und löst bei der Mehrzahl der Schüler einen kognitiven Konflikt aus. Diese Aspekte führen zu einem hohen Aufforderungscharakter.

Trotz fehlender Vertiefungs- und Übungsphasen, kann die heuristische Schulung als erfolgreich angesehen werden. Die Antworten der Schüler belegen, dass sie besonders das heuristische Hilfsmittel der Tabelle und die Reflexionsstrategie „Überprüfen durch Probieren" verinnerlicht haben (siehe Anhang). Bei der Überprüfung der Transferfähigkeit dieser Heuristiken, konnte dieser Lernerfolg ebenfalls festgestellt werden. Die Lösungsstrategie „Schlussfolgern" bzw. „Entdeckung von Beziehungen" wird nicht explizit genannt, da sie in dieser Altersstufe problemlos angewendet, aber offenbar nicht abstrahiert werden kann. Die Schüler verwenden stattdessen Begriffe wie „überlegen, „genau angucken", „vergleichen" oder „Gemeinsamkeiten suchen" (siehe Anhang). Die gelungene Förderung der Problemlösekompetenzen wird zusätzlich durch das Ergebnis verdeutlicht, dass 3/5 der Schüler sich in der Lage fühlen, unbekannte Zaubertricks ohne weitere Hilfen lösen zu können. Nichtsdestotrotz belegt dies, dass die heuristischen Lernhilfen bzw. Impulse nicht außer Acht gelassen werden dürfen und eine wichtige Grundlage des problemlösenden Lernens darstellen. Vor dem Hintergrund der Informationsverarbeitungstheorie lässt sich eindeutig feststellen, dass die heuristischen Strategien das planvolle Absuchen des Problemraums begünstigen und dadurch die Ausbildung der sog. Problemlöseoperatoren ermöglichen. Die Beobachtungen der äußeren Problemlösevorgänge können hingegen auf das Stufenschema der Gestalttheorie zurückgeführt werden. Neben der Inkubationsphase (Entfernung vom Problem), offenbarte sich vor allem die plötzliche Illumination (Lösungsidee bzw. Heureka-Effekt), der sich die Phase der Synthese (Ausarbeitung und Überprüfung) anschloss.

Die kommunikativen Prozesse während der Gruppenarbeitsphasen werden, wie die Schülerperspektive und eigene Beobachtungen zeigen, zum Teil als verbesserungswürdig eingestuft (siehe Anhang). Während sich die Zusammenarbeit innerhalb der Gruppen für die Zaubershow und die erste Phase (Gruppenexploration) als äußerst fruchtbar herausgestellt haben, wurden die Arbeitsprozesse in der zweiten und dritten Phase teilweise durch kommunikative Schwierigkeiten geprägt. Dies mag zum einen daran liegen, dass die Gruppengröße mit jeweils fünf Schülern als zu groß gewählt wurde und zum anderen scheint die Zusammensetzung aus sich unbekannten Schülern Einfluss auf die Kommunikation zu nehmen. Eine Umgestaltung der Organisationsstruktur scheint keine adäquate Lösungsmöglichkeit der Problemlage zu sein, da genau in diesem Bereich die Chance auf die Förderung von sozialen Kompetenzen liegt. Dagegen spricht auch die Erkenntnis, dass der Großteil der Schüler mit der Gruppeneinteilung zufrieden war und sich lediglich die Hälfte für eine Gruppengröße von drei Schülern aussprach, während fast der gesamte Kurs Einzelarbeit ablehnte (siehe Anhang). Weiterhin fällt auf, dass genau diejenigen Phasen Kooperations- und Kommunikationsschwierigkeiten aufweisen, die nicht durch eine gemeinsame Zielabhängigkeit, sondern eher durch offene Kreativitätsprozesse geprägt sind. Das Konzept müsste demnach in dem Sinne erweitert werden, dass in diesen Phasen eine zusätzliche Verstärkung und Notwendigkeit des kooperativen Arbeitens initiiert wird. Durch verschiedene methodische Vorgehensweisen, wie z.B. die komplementäre Rollenverteilung oder die Ressourcenabhängigkeit[113], ließe sich eine positive Anhängigkeit zwischen den Gruppenmitgliedern erzeugen. Die komplementären Rollen könnten so vergeben werden, dass in jeder Gruppe ein Zeitmanager, ein Schriftführer, ein Materialverantwortlicher, ein Rechnungsüberprüfer und ein Gruppenmanager vorhanden ist. Die andere Möglichkeit der Ressourcenabhängigkeit ließe sich umsetzen, indem die Materialien (Taschenrechner, ein Stift, Würfel/Zahlenkarten/Zahlenstreifen), Zaubermappe, Hilfekarten) den einzelnen Gruppenmitglieder fest zugeordnet werden. Da der Umgang mit diesen kooperativen Methoden sukzessiv erlernt werden muss, sollte die Methode ausgewählt werden, die den Schülern bereits aus anderen Fächern vertraut ist.

---

[113] Bei der komplementären Rollverteilung wird jedem Mitglied eine komplementäre und mit den anderen verbundene Rolle zugewiesen. Eine Ressourcenabhängigkeit besteht hingegen, wenn jedes Gruppenmitglied nur einen Teil der Informationen, Ressourcen oder Materialien bekommt, die nötig sind, um die Aufgabe zu erledigen. Weitere detaillierte Beschreibungen von methodischen Möglichkeiten, die zu einer positiven Abhängigkeit führen können, finden sich bei Green & Green (2007, S. 76-83).

Wird im Nachhinein der Einsatz der verschiedenen Aufgabentypen reflektiert, so kann die Problemsituation (Phase 3) als zu offen eingeschätzt werden. Zum einen wurden größtenteils nahe liegende Variationsmöglichkeiten ausgewählt und zum anderen war der zeitliche Aufwand für einen Konsens unverhältnismäßig hoch. Vor allem der mathematische Ertrag ließe sich durch konkrete Arbeitsanweisungen optimieren, wobei allerdings eine Unterbindung von Kreativitätsprozessen stattfinden würde. Um die Offenheit der Problemsituation zu reduzieren, müsste demnach eine Variante ausgewählt werden. Durch folgende Formulierungen bekämen die Aufgaben einen zielgerichteten Charakter:

- Zahlenkartentrick: Entwickelt Zahlenkarten, mit denen sich geheime Zahlen von 1 bis 31 bestimmen lassen.

- Würfeltrick: Entwickelt einen Würfeltrick, der mit 2, 4 oder 5 Würfeln funktioniert.

- Zahlenstreifentrick: Entwickelt Zahlenstreifen, auf denen 4 oder 6 Ziffern vorhanden sind.

Die Bearbeitung dieser Aufgabenstellungen kann nur gelingen, wenn die erworbenen Kenntnisse über die Zaubertricks zuerst abstrahiert und dann angewendet werden. Durch eine Präsentation der Überlegungen, könnten im Unterricht nochmals gezielt die Funktionsweisen der Tricks thematisiert werden.

9. Fazit

Im Mittelpunkt der Arbeit steht die Entwicklung eines Konzeptes, welches in das Curriculum des Forderkurses Mathematik einfließen soll. Die Ausgestaltung fokussiert sich auf die Vermittlung von Problemlösekompetenzen, die aus den Bildungsstandards und dem Kernlehrplan hervorgehen. Anhand einer Schülerevaluation und eigenen Unterrichtserfahrungen konnte das Konzept reflektiert werden. Zusammenfassend bietet das Konzept:

- die Förderung von Verantwortungsbereitschaft , Selbstständigkeit und Kooperationsfähigkeit,

- die Bereitstellung von Grenzerfahrungen für mathematisch begabte Schüler,

- die Schaffung einer intrinsischen Motivation durch einen hohen Aufforderungscharakter der Aufgaben,

- die Erstellung von Aufgaben in hoher Qualität durch deren Authentizität,

- die Erweiterung und Förderung von Problemlösekompetenzen im Sinne des Kernlehrplans,

- die Schulung von ausgewählten heuristischen Strategien im Anforderungsbereich II,

- die Auswahl von geeigneten methodischen Vorgehensweisen durch Lernhilfen bzw. Impulse,

- die Möglichkeit einer Weiterführung im regulären Mathematikunterricht.

Für eine umfassende Schulung der Problemlösekompetenz, von der eine Handlungsfähigkeit ausgehen soll, bedarf es jedoch einer konsequenten Weiterführung des Konzeptes bis hin zum Schulabschluss.

Durch die Analyse der eigenen Unterrichtspraxis und der Evaluation konnten Optimierungsvorschläge herausgearbeitet werden. Zunächst sollten die offenen Aufgaben durch zielgerichtete Handlungsanweisungen ersetzt werden. Obwohl Kreativitätsprozesse eingeschränkt werden, ließen sich die mathematischen Hintergründe und die heuristischen Strategien stärker ins Blickfeld rücken. Eine Verstärkung der Kommunikation und Kooperation innerhalb der Gruppen kann durch den Aufbau von positiven Abhängigkeiten erzeugt werden. Als methodische Vorgehensweise bietet sich neben der komplementären Rollenverteilung die Ressourcenabhängigkeit an.

Als Resümee lässt sich festhalten, dass das Zitat „Die Neugier steht immer an erster Stelle eines Problems, das gelöst werden will" sehr wohl zutrifft und es eine lohnenswerte Aufgabe ist, diese Neugier zu wecken.

Literaturverzeichnis

Anderson, J. R. (1996). Kognitive Psychologie. Eine Einführung. Heidelberg: Spektrum-der-Wissenschaft-Verlagsgesellschaft.

Arbinger, R. (1997). Psychologie des Problemlösens. Darmstadt: Wissenschaftliche Buchgesellschaft.

Ausubel, D. P., Novak, J. & Hanesian, H. (1981). Psychologie des Unterrichts. Band 2. Weinheim/Basel: Beltz Verlag.

Barzel, B., Büchter, A. & Leuders, T. (2007). Mathematik Methodik. Handbuch für die Sekundarstufe I und II. Berlin: Cornelsen Verlag.

Blum, W., Drüke-Noe, C., Hartung, R. & Köller, O. (2006). Bildungsstandards Mathematik: konkret. Sekundarstufe I: Aufgabenbeispiele, Unterrichtsanregungen, Fortbildungsideen. Berlin: Cornelsen Scriptor Verlag.

Borg, I. & Staufenbiel, T. (2007). Lehrbuch Theorien und Methoden der Skalierung. Bern: Verlag Hans Huber.

Bruder, R. (2000). Akzentuierte Aufgaben und heuristische Erfahrungen. In: Herget, W. & Flade, L. (2000). Lehren und Lernen nach TIMSS. Berlin: Volk-und-Wissen-Verlag.

Bruder, R. (2000). Problemlösen im Mathematikunterricht – ein Lernangebot für alle? In: Mathematische Unterrichtspraxis. I. Quartal (2000). S. 2-11.

Bruder, R., Gürtler, T., Schmitz, B. & Perels, F. (2002). Problemlösenlernen in Verbindung mit Selbstregulation. In: mathematik lehren. Heft 115. S. 59-62.

Deutscher Verein zur Förderung des mathematischen und naturwissenschaftlichen Unterricht e.V. (2004). Empfehlungen zur Umsetzung der Bildungsstandards der KMK im Fach Mathematik. Troisdorf: Bildungsverlag EINS.

Der große Duden (1966). Fremdwörterbuch. Mannheim/Zürich: Dudenverlag.

Der Mathekoffer (2008). Aufgabenkartei „Zaubern, Spielen, Knobeln". Erhard Friedrich Verlag.

Dörner, D. (1976). Problemlösen als Informationsverarbeitung. Stuttgart/Berlin/Köln/Mainz: Kohlhammer Verlag.

Eikenbusch, B. (2000). Praxishandbuch Evaluation in der Schule. Berlin: Cornelsen Verlag.

Fischer, C. & Ludwig, H. (2006). Begabtenförderung als Aufgabe und Herausforderung für die Pädagogik. Münster: Aschendorff Verlag.

Fritzlar, T., Rodeck, K. & Käpnick, F. (2006). Mathe für kleine Asse. Klassen 5/6. Berlin: Cornelsen Verlag.

Green, N. & Green, K. (2007). Kooperatives Lernen im Klassenraum und im Kollegium. Stuttgart: Klett Verlag.

Heinze, A. (2007). Problemlösen im mathematischen und außermathematischen Kontext. Modelle und Unterrichtskonzepte aus kognitionstheoretischer Perspektive. In: Journal für Mathematik-Didaktik. Heft 28 (2007). S. 3-30.

Henn, H.-W. (1996). Der Zauberer (einmal) entzaubert! In: Mathematische Unterrichtspraxis. III. Quartal (1996). S. 47-48.

Hetzler, I. (1998). Alles Zauberei! In: mathematik lehren. Heft 98 S. 7-10.

Hetzler, I. (2006). Mathematische Zaubertricks für die 5. bis 10. Klasse. Stuttgart: Ernst Klett Verlag.

Heyer, U. & König. H. (1992). Heuristische Vorgehensweisen bewusst herausbilden – Methodische Empfehlungen für den Mathematikunterricht. In: Der Mathematikunterricht. Jg. 38. 3/1992. S. 51-65.

Heyer, U. (1992). Überlegungen zur langfristigen Ausbildung heuristischer Vorgehensweisen. In: Der Mathematikunterricht. Jg. 38. 3/1992. S. 39-50.

Hoffmann, A. (2003). Elementare Bausteine der kombinatorischen Problemlösefähigkeit. Hildesheim/Berlin: Verlag Franzbecker.

Holling, H. & Kanning, U. P. (1999). Hochbegabung. Forschungsergebnisse und Fördermöglichkeiten. Göttingen: Hogrefe-Verlag.

Krauthausen, G. & Scherer, P. (2003). Einführung in die Mathematikdidaktik. Heidelberg/Berlin: Spektrum Verlag.

Kultusministerkonferenz (2004). Beschlüsse der Kultusministerkonferenz. Bildungsstandards im Fach Mathematik für den Mittleren Schulabschluss. Bonn: KMK.

Kultusministerkonferenz (2005). Beschlüsse der Kultusministerkonferenz. Bildungsstandards im Fach Mathematik für den Primarbereich (Jahrgangsstufe 4). Bonn: KMK.

König, H. (1992). Einige für den Mathematikunterricht bedeutsame heuristische Vorgehensweisen. In: Der Mathematikunterricht. Jg. 38. 3/1992. S. 24-38.

Landesinstitut für Schule / Qualitätsagentur (2006). Konzepte und Aufgaben zur Sicherung von Basiskompetenzen. Stuttgart: Ernst Klett Verlag.

Leuders, T. (2003). Mathematik Didaktik. Praxishandbuch für die Sekundarstufe I und II. Berlin: Cornelsen Verlag.

Leuders, T. (2009). Qualität im Mathematikunterricht der Sekundarstufe I und II. Berlin: Cornelsen Verlag.

Meyer, R. E. (1979). Denken und Problemlösen. Berlin/Heidelberg/New York: Springer Verlag.

Ministerium für Schule und Weiterbildung, Wissenschaft und Forschung des Landes Nordrhein-Westfalen (2004). Kernlehrplan für die Gesamtschule – Sekundarstufe I in Nordrhein-Westfalen. Frechen: Ritterbach Verlag.

Pehkonen, E. (1991). Developments in the understanding of problem solving. In: Zentralblatt für Didaktik der Mathematik. 91(2). S. 46-49.

PISA-Konsortium Deutschland (Hrsg.) (2004). PISA 2003. Der Bildungsstand der Jugendlichen in Deutschland - Ergebnisse des zweiten internationalen Vergleichs. Münster: Waxmann.

Polya, G. (1988). How to Solve it. Princeton: Princeton University Press.

Polya, G. (1967). Vom Lösen mathematischer Aufgaben. Einsicht und Entdeckung, Lernen und Lehren. Basel/Stuttgart: Birkhäuser.

Rost, Detlef H. (2006): Handwörterbuch Pädagogische Psychologie. Weinheim, Basel und Berlin: Beltz Verlag.

Studienseminar für Lehrämter an Schulen – Bocholt (2007). Studienseminarprogramm. Bocholt.

Tautenhahn, T. (1999). Alles fauler Zauber? Mathematische Zaubereien in der Schule. In: Mathematische Unterrichtspraxis. IV. Quartal (1999). S. 22-29.

Tautenhahn, T. (2000). Alles fauler Zauber! (Teil 3). Das Geheimnis der Zahlenstreifen. Mathematische Zaubereien in der Schule. In: Mathematische Unterrichtspraxis. II. Quartal (2000). S. 38-39.

Thees, H. (2008). Förderprogramm der Anne-Frank-Gesamtschule. Havixbeck: Schulinternes Skript.

Von Engelhardt, I. & Gustkc, A. (2006). Zaubern mit Mathematik. Braunschweig: Westermann Verlag.

Zech, F. (2002). Grundkurs Mathematikdidaktik. Theoretische und praktische Anleitungen für das Lehren und Lernen von Mathematik. Weinheim & Basel: Beltz Verlag.

Internetadressen

Die magische Zauberkugel. Abgerufen unter: http://www.messe-ideen.de/upload/ magische-zauberkugel.swf am 01.04.2009.

Galilei, Galileo. Zitat. Abgerufen unter: http://www. bildungswirt.de/ 2009/04/22/1026 am 15.05.2009.

Rahmenvorgaben für den Vorbereitungsdienst in Studienseminar und Schule. Abgerufen unter: http://www.schulministerium.nrw.de/ BP/Schulrecht/ Lehrerausbildung/ Rahmenvorgabe_OVP.pdf am 10.05.2009.

Abkürzungsverzeichnis

Abb.	Abbildung
d.h.	das heißt
gem.	gemäß
Hrsg.	Herausgeber
i. e. S.	im engeren Sinne
Kap.	Kapitel
KMK	Kultusministerkonferenz
NRW	Nordrhein-Westfalen
sog.	so genannte
Tab.	Tabelle
u.a.	unter anderem
usw.	und so weiter
vgl.	vergleiche
z.B.	zum Beispiel